人人都能玩赚
AI绘画

Sky盖哥 刘楚宾 黄小刀 著

电子工业出版社
Publishing House of Electronics Industry
北京·BEIJING

图书在版编目（CIP）数据

人人都能玩赚AI绘画／Sky盖哥，刘楚宾，黄小刀著. —北京：电子工业出版社，2023.7

ISBN 978-7-121-45820-0

Ⅰ.①人… Ⅱ.①S… ②刘… ③黄… Ⅲ.①图像处理软件 Ⅳ.①TP391.413

中国国家版本馆CIP数据核字（2023）第112704号

责任编辑：王小聪

印　　刷：天津善印科技有限公司

装　　订：天津善印科技有限公司

出版发行：电子工业出版社

　　　　　北京市海淀区万寿路173信箱　　邮编：100036

开　　本：787×1092　1/16　印张：17.25　字数：317千字

版　　次：2023 年 7 月第 1 版

印　　次：2023 年 7 月第 1 次印刷

定　　价：298.00元

序 一

感谢小刀给了我一个为她新书写序的机会，毕竟她已经是一个畅销书作者了。其实，我这次给她的新书写序也是还她一个人情，缘起是我借助 ChatGPT 写的书《大模型时代：ChatGPT 拉开硅基文明序幕》跟她的那本《人人都能玩赚 ChatGPT》是同一个出版社出版的，也是同一个出版团队策划的，其实就是她把自己的资源介绍给了我，帮我加快了我的新书的出版。

我很喜欢小刀第一次见我时给我起的一个绰号——硅基文明"教父"。硅基智能是我在2017 年成立的一家公司，目前是一家人工智能的独角兽企业，也是国家级专精特新"小巨人"企业。这个公司的名字就是我对于人工智能（AI）发展的期待和预判：AI 是一种基于硅基生命的高级智能体。2023 年，ChatGPT 的爆火也让很多人开始接受这种想法，那就是人类是碳基生物，而人工智能是硅基生物。我在 2007 年就曾预测：硅基文明要来了，硅基生命的崛起势不可挡。

硅基生命是生命 3.0 版本，它是一种硬件和软件都可以持续升级的新物种。而人类的硬件是有上限的，软件是可以持续升级的，所以人类是生命 2.0 版本。在人类之前存在的那些生物都是硬件软件均有上限的生命 1.0 版本。在我看来，地球生命的进化不会止于人类。甚至可以说，硅基生命天生就有很多我们人类不具备的优势，我们要向它们学习，要与它们配合一起工作。用凯文·凯利的话，就是人机互联"半人马"智能或将超过人类和机器。

小刀这本书核心是关于 AI 绘画的，这是 AIGC 的重要分支，她系统性地讲解了在这个全新的领域工作和创业的方法，这是非常好的一件事，十分顺应当下 AIGC 快速发展的趋势，给了年轻人学习新技术、适应科技发展的机会。书中关于 Midjourney 的部分是我非常喜欢的，因为我非常喜欢这家公司，它是一个"新物种"公司。

我一直说创造出比特币体系的中本聪是个硅基生命，我们没有必要去现实世界找到他，确定他到底是谁。他其实就是一堆开源的代码加上一本白皮书。他开创的公司是一种新型的组织结构，他从不出现，员工带资入场，10 年时间把一家公司做到 1 万亿美元的规模。

而中本聪成立的这家公司就是一个以算力、电力、财力为核心的新物种，如今继承它衣钵的公司也开始不断涌现，Midjourney 就是其中一家。网上热传的一篇文章提到，只有 11 个人的 Midjourney，其年收入已经达到了 10 亿元人民币。其实，大家没有看到该公司的硅基劳动力，那几万张显卡就是这些硅基生命的支撑。

我在 2017 年人工智能最火热的时候成立了硅基智能，当时我提出了关于 AI 发展的一些预判性思考。我认为，硅基生命是在量子力学基础上存在的，也就是活在普朗克常数世界中，而碳基生命基本上是在宏观世界中存在的，也就是活在牛顿力学的世界中。我用一个成语"龟兔赛跑"来解释我的观点：乌龟回到水里是无敌的，不要跑到陆地上跟兔子比赛。硅基生命要到虚拟世界去竞争，比如写文章、画画、写诗、唱歌、拍电影，不要跳出来在牛顿力学的世界中竞争。这就是我一直非常看好 AIGC 的原因。

AIGC 的发展将带动以算力、电力、财力为核心的新物种的成长，最终推动硅基生命的进化。我的团队最近发布了炎帝大模型，它是一个行业脑，也是一个多模态的大模型，主要用来生成视频。起"炎帝"这个名字的原因在于，我认为人类未来会围绕硅基生命成为一个新部落。在这个部落里，硅基生命的母体是"法老"，跟它沟通的人是"祭司"，而大多数人就是"修建金字塔的工人"。

因为家庭的原因，我从小就熟读《道德经》，里面有一句"天地不仁，以万物为刍狗"我非常喜欢，不过这一句也充满了争议。从这句话中，很多人看到的是"天地不仁"，而我看到的却是"以万物为刍狗"。其实，把"天地"换成"科技"，我们人类就是一场"祭祀"的"祭品"，人类一代代的接力，都是为了科技的发展和进步，而能够成为"祭坛"上的"祭品"，也是一种命运的需要吧。

我最喜欢的美剧是《权力的游戏》，我很喜欢剧中无面者那句话，"凡人皆有一死，凡人皆需侍奉"。硅基生命的崛起已经势不可挡，而 ChatGPT、Midjourney 等产品的出现，让这个过程进入了加速态。让我们一起迎接这个新时代吧。

最后，我想告诉所有像我这个年纪的家长，下一代的孩子以后都会有个 AI 助理，我们是给他一个 2000 美元的 AI 助理，还是 2000 万美元的 AI 助理，将有很大的差别，而这已经不是一个学区房能够同日而语的。今天刚好是"六一"国际儿童节，我希望我们的孩子未来是快乐的，压力很大一部分在我们这里，不全在他那里。

司马华鹏

2023 年 6 月 1 日

序 二

重塑未来——大模型时代的新机遇

慕容引刀：

你现在是一个经验丰富且富有见解的记者，你要采访一个知名漫画家，请以"传统绘画和 AI 绘画的艺术碰撞"为主题，写一个采访提纲。

ChatGPT：

当然可以，这就为您准备。

【以下问题来自 ChatGPT，答案来自慕容引刀】

ChatGPT：

当绘画创作遇到瓶颈、无法找到灵感时，你会使用 AI 来帮自己找寻灵感吗？

慕容引刀：

很明确地回答：我会！

绘画创作真的会遇到瓶颈，这种瓶颈分为两类：一类是你真的没有内容想要去表达，陷入了表达欲缺失或灵感枯竭的状态；另一类是有想表达的意图、意愿，但是不知道怎么表达。更多时候我们面临的是后者，我们需要去找一些不同的思路和角度。如果这个时候 AI 给你提供了 10 个角度，让你从不同的视角去判断其中有没有你想要的、能够帮助你突破创作瓶颈的那个点。

对于第一类的创作瓶颈，一般需要一些刺激你的作品，比如音乐、电影、小说，里面的故事或旋律很打动你，让你有表达欲。从这一点来讲，AI 带给你的刺激与其他形式的作品一样。

它们没有区别。

比如，我现在要画一幅演唱会的场景——夜色中的剧场、人头攒动，建筑也充满了未来感。AI 就可能会给我一个想要的构图，或者给我一个意想不到的场景，比如清晨中的剧场、晚霞中的剧场。新的构思可能会比我原本的构思更棒。

ChatGPT：

在教育领域，AI 可以帮助老师更加快速地进行绘画作业的点评，你认同这个观点吗？

慕容引刀：

老实说，我不太认同，因为这是在教育领域。

如果是在一个快速的、批量生产的、追求效率的领域，我是认同的。

但是在教育领域，我不太认同。因为我觉得教育的本质是激发人的内驱力，所以不应该以某种效率来评判教育成果，怎么快怎么来、怎么高效怎么办的做法是不恰当的。

在教育领域，人们往往不在乎效率有多快或多慢，而在乎教育是否真实地触及了被教育者的内心。

所以，我并不认为这是一个最好的选择。

ChatGPT：

AI 在很多时候可以扩展出我们未曾想象过的图像和风格，这样的艺术脑洞具有价值吗？

慕容引刀：

当然有。艺术有一条生命线叫作创新，唯有创新才能令人感受到艺术的灵魂。比如，现在有人复制了一幅文艺复兴时期的画作，这幅画作的绘画技巧、呈现效果都很好，它可能很完美，但它并不属于当下这个时代。

如果我们在今天这个时代再去做同样的事，从时间维度来讲就是刻舟求剑，毫无意义。

所以艺术就是应该要新，哪怕技巧不够成熟、风格不够稳定，都不重要。重要的是能够传递今天这个时代的心声，然后用一种相对新的形式表达出来，这就是艺术的生命线。

艺术不会等着那些因循守旧、停留在原地的创作者，创新也一定是向着未知的领域发展。既然创新是铁律，AI 又可以辅助我们去创新，那何乐而不为呢？

ChatGPT：

如果一个人工智能机器人创作了一幅画，那么这幅画的版权应该归谁所有呢？

慕容引刀：

这件事我们需要从不同的角度来看。假设我是一个创作者，我的超现实主义风格有很强的标志和个人特色，如果有人把这种风格盗用了，使用人工智能批量生产了这类风格的作品，我相信我会非常不高兴。

从另一个角度来看，人类的一些脑洞、新观点通过 AI 来表达，我又觉得这不应该被判定为某个人的版权，而应该属于人类共有。因为思想不应该有国界，这样它才能不断发展，不断在文明上叠加。

从这两个角度出发，你会发现限制还是不限制、版权归谁所有的问题并没有那么简单。

所以我更相信的是，我们把各自的诉求都提出来，放在一起，厘清一些边界，使用法律、公约等进行限制。

但是现在 AI 绘画刚刚萌芽，着急去限制它也是不合理的。任何一个生命生长出来的时候都不太像样子，都是稚嫩的、有缺陷的、不成形的，也会伴生一些不太美好的东西。AI 绘画本质上还是一个顽强的"新生命"。

所以我们需要给它时间，把它放到一个开放的环境中，大家慢慢达成共识。

ChatGPT：

AI 创作的作品是否有与人类创作的作品相同的艺术价值？

慕容引刀：

这要看你怎么理解艺术价值了。

从艺术形式上来说，我认为二者可能会有相同的艺术水准。譬如，AI 学习了毕加索的创作规律，创作出了一幅百分之百的毕加索风格的作品，从艺术形式上来讲，它就是毕加索式的，它与毕加索创作的作品具有同等的艺术水准。

但要说艺术价值，我不认为二者有相同的艺术价值。我觉得艺术的一个很大的价值是凸显了人的自我意识。正因为人具有独立的自我意识，才能不断推陈出新，否则人类的艺术史只能停留在甲骨文时期，甚至更早——停留在拉斯科洞窟壁画时期。如果以人的自主意识为衡量标准，那么目前 AI 创作的作品是没有艺术价值的。

当然，不排除有一天 AI 真的有了自主意识，它真的发展出了更高级的硅基文明，那个时候就另当别论了。到了那个时候，我想应该不能再以传统的标准来衡量 AI 绘画的艺术价值了。那时，我们可能应该考虑的是，如何捍卫人类自己的尊严。

目　录

第 1 章

AI 绘画概述

1.1　什么是 AI 绘画

　　AI 绘画是一种使用人工智能技术辅助或完全代替人类进行绘画创作的方法。它利用机器学习、神经网络等技术，从大量数据中学习绘画规律，并根据给定的条件生成具有一定艺术价值的图像。

　　举个例子，杰森·艾伦（Jason Allen）是一位游戏设计师，他有一个创意，想要设计一款太空歌剧题材的游戏，但他并不会画画。于是，他开始尝试使用 AI 绘画工具来帮助自己完成这个项目。他选择了 Midjourney 这个 AI 绘画工具，通过学习一些基础知识，他使用该工具生成了一幅名为《太空歌剧院》的画作。这幅画作使用了很多太空元素，包括星系、宇宙飞船和外星生物等。后来，《太空歌剧院》获得了美国科罗拉多州新兴数字艺术家竞赛一等奖。AI 绘画在这次竞赛中的表现，证明了其在数字艺术方面的潜力。

　　但是，AI 绘画并非没有争议。在杰森·艾伦获奖之后，AI 绘画引起了画家群体的集体抗议和维权。画家们认为，AI 绘画的出现将取代传统绘画和手工艺术，可能会对他们的生计产生很大影响。他们认为，艺术应该由人类个体创造出来，而不应该由机器生成。这场争议引起了人们对于 AI 绘画是否符合艺术伦理的讨论。

　　另一个例子是一位名叫罗比·巴拉特（Robbie Barrat）的 18 岁高中生，他使用 AI 绘画工具创作了一系列艺术作品，并在纽约市的画廊展出。

　　他的作品被认为是 AI 绘画的代表作之一，因为他使用了机器学习算法来训练计算机生成各种抽象画。

　　罗比的事迹曾经被多家媒体报道过，包括《华尔街日报》《纽约时报》《连线》等。他的作品也曾经在多个艺术展览中展出，并获得了多个奖项和荣誉。

　　值得一提的是，罗比也曾经在社交媒体上发表过一些评论，指出他的作品是他在 AI 技术的辅助下完成的，而不是完全由 AI 生成的。他认为，艺术创作需要人类的创造性思维和感性表达，而机器学习只是作为一种工具来帮助他实现自己的创意。

　　罗比认为，AI 绘画是一种可以让艺术变得更加公平和包容的方法。他相信 AI 绘画可以让更多的人参与到艺术创作中来，因为人们无须拥有绘画技巧就可以创作出具有艺术价值的作品。

　　从以上的例子中可以看出，AI 绘画已经开始进入艺术领域，并发挥着越来越重要的作用。虽然 AI 绘画在某些方面具有争议，但是它的发展势头依然很迅猛，AI 绘画已经在数字艺术、设计、娱乐、教育等领域发挥着越来越大的作用。人们可以使用 AI 绘画工具快速生成各种各样的艺术作品，包括油画、水彩画、素描等。AI 绘画的发展使得艺术创作变得更加多样化、高效化和普及化。

　　需要注意的是，AI 绘画并非完全取代了传统绘画和手工艺术，而是与之相辅相成。艺术创作是一个创造性的过程，机器可以辅助人类做一些重复性、机械性的工作，但是机器并不能代替人类的创造性思维和感性表达。因此，人类在使用 AI 绘画工具时需要具备创造性思维，才能创作出具有真正艺术价值的作品。

　　综上所述，AI 绘画是一种通过机器学习和 AI 技术辅助或完全代替人类进行绘画创作的方法。

1.2 AI 绘画的历史和发展

AI 绘画的历史可以追溯到 20 世纪 60 年代，当时人们开始尝试使用计算机来生成艺术图像。然而，由于当时计算机处理能力的限制和计算机视觉技术的不成熟，这些尝试并没有取得很大的成功。

随着计算机技术的发展和神经网络技术的出现，AI 绘画开始进入一个新的发展阶段。在 2014 年，伊恩·古德费洛（Ian Goodfellow）等人提出了生成对抗网络（GAN）这个概念。GAN 是一种机器学习算法，可以让计算机生成具有真实感的图像。这个算法的出现，使得 AI 绘画可以更加真实、自然地模仿现实世界的艺术作品。

随着时间的推移，人们不断探索和创新，AI 绘画也在不断发展。其中，一个重要的发展方向是网络逻辑数据模型（LDM），它是一种利用语言描述生成图像的技术。这种技术可以让人们通过自然语言描述来生成具有一定艺术价值的图像。例如，一个人可以用"一只蓝色的狗在草地上奔跑"这句话来生成一幅具有蓝色狗和草地的艺术作品。

除了 GAN 和 LDM，还有很多其他的 AI 技术被应用在 AI 绘画中，如卷积神经网络（CNN）、循环神经网络（RNN）等。这些技术都可以让 AI 绘画更加高效、准确、创新和个性化。

2019 年，一个名为"Artbreeder"的 AI 绘画工具开始流行起来。这个工具可以通过混合、交叉、变异等方式生成具有艺术价值的图像。用户可以在这个工具中上传自己的图片，然后通过 AI 技术将其转换成具有不同特征的艺术作品。这个工具的流行，使得更多的人开始接触 AI 绘画，并且利用这个工具进行创作。

除了艺术领域，AI 绘画在其他领域也有着广泛的应用。例如，在设计领域，AI 绘画可以帮助设计师更快速、准确地生成各种设计元素，如图标、界面、海报等。在教育领域，AI 绘画可以帮助学生更好地学习绘画和艺术，如生成各种绘画教程和示范视频，等等。

然而，AI 绘画也面临着一些争议和挑战。首先，AI 绘画在某种程度上可能会威胁到艺术家的生计和价值；其次，由于 AI 绘画的生成方式比较机械，所以它生成的艺术作品可能会缺乏真正的创造性和情感表达；最后，AI 绘画生成的图像可能会受到算法和人类思维方式的限制。

因此，对于 AI 绘画的未来发展，人们需要综合考虑各种因素，找到既能充分利用 AI 技术优势又能保持人类创造性和艺术价值的平衡点。

总的来说，AI 绘画是一种通过机器学习和 AI 技术辅助或完全代替人类进行绘画创作的方法。虽然 AI 绘画面临着一些争议和挑战，但是它在艺术、设计、教育等领域的应用前景依然广阔。

1.3 AI 绘画的应用领域

AI 绘画在很多领域都有着广泛的应用，其中最主要的领域之一就是艺术。利用 AI 技术进行艺术创作，可以帮助艺术家更加快速、准确、创新和个性化地生成各种艺术作品。例如，艺术家可以使用基于 GAN 和 LDM 的算法生成各种风格和主题的艺术作品，如抽象画、肖像画、风景画、卡通画等。

　　AI 绘画在设计领域中也有着广泛的应用。例如，设计师可以利用 AI 技术生成各种图标、界面、海报等设计元素，这可以大大提高设计的效率和准确性。此外，AI 绘画还可以帮助设计师进行风格分析、图像搜索等工作，帮助他们更好地了解市场趋势和用户需求。

在教育领域中，AI 绘画也可以起到一定的作用。例如，教师可以利用 AI 绘画生成各种绘画教程和示范视频，帮助学生更好地学习绘画和艺术。此外，AI 绘画还可以帮助学生更加自主地进行艺术创作和表达。

AI 绘画在其他领域也有着广泛的应用。例如，在娱乐领域，AI 绘画可以帮助电影制作者和游戏开发者更快速、准确地生成各种角色、场景、道具等元素；在医疗领域，AI 绘画可以帮助医生更好地进行医学影像的分析和诊断；在科学领域，AI 绘画可以帮助科学家更好地进行数据可视化和图像分析。

　　总的来说，AI 绘画在很多领域都有着广泛的应用，它可以帮助人们更加快速、准确地进行艺术、设计、教育等方面的创作和研究。通过 AI 绘画，人们可以更好地发掘自己的创造力和艺术潜力，同时也可以更好地了解市场和用户需求。通过不断探索和创新，人们可以更好地利用 AI 技术来推动艺术和设计的发展。

1.4　AI 绘画与传统绘画的区别

　　AI 绘画和传统绘画有一些明显的区别，这些区别主要体现在以下几个方面：

　　第一，AI 绘画是由计算机算法生成的，而传统绘画则是由艺术家手工创作的。在 AI 绘画中，算法会根据各种规则和数据生成图像，而艺术家则需要依靠自己的感觉、经验和技巧进行创作。

　　第二，AI 绘画生成的图像往往具有较高的准确性和规律性，而传统绘画则更加强调艺术家的个性和创造力。AI 绘画可以根据给定的参数和数据生成各种艺术作品，但这些作品可能会缺乏真正的情感和创造性。而传统绘画则更加注重艺术家的情感和表达，艺术家的风格和个性也会通过作品得到展现。

第三，AI 绘画具有更高的生产效率和灵活性。利用 AI 绘画工具，人们可以快速生成大量不同风格和主题的艺术作品，并可以根据实际需要进行修改和优化。而传统绘画则需要花费更长的时间和精力进行创作，效率较低。

第四，AI 绘画和传统绘画对于艺术市场和价值的影响也不同。由于 AI 绘画可以快速生成大量的艺术作品，因此可能会对艺术市场造成一定的冲击，甚至可能会引起一些争议和质疑。而传统绘画则更强调艺术家的个性和创造力，往往更容易得到艺术市场和大众的认可。

为了更好地说明这些区别，我举一个真实的案例。2018 年，一幅名为《爱德蒙·贝拉米肖像》（*Portrait of Edmond de Belamy*）的作品在佳士得拍卖行以 432 500 美元的高价拍出。这幅肖像画是由一个名为 Obvious 的法国艺术团体基于 GAN 算法生成的。这幅肖像画与传统肖像画不同，它没有真实的人物参照，也没有经艺术家手工润色和改进，完全是由算法生成的。这个肖像画的拍卖引发了人们对于 AI 绘画和传统绘画的一些思考和讨论。一些人认为这幅肖像画的价值主要在于其背后的算法和技术，而不是其实际的艺术价值；另一些人则认为这幅肖像画代表了 AI 绘画技术的一种新的应用和探索。

这个案例可以帮助人们更加深入地了解 AI 绘画和传统绘画之间的区别。虽然这幅肖像画在艺术市场上取得了不俗的成绩,但它是否真正具有艺术价值和创造性,以及它对传统绘画和艺术市场的影响,都需要人们进一步讨论和思考。

总之,AI 绘画和传统绘画有一些明显的区别。在实际应用中,我们需要根据不同的需求和目标选择适合自己的绘画方式和工具。通过深入了解和探索 AI 绘画与传统绘画之间的联系和差异,我们可以更好地利用 AI 绘画为人类服务。

1.5　AI 绘画工具

一个好的工具能让人事半功倍,下面这几种工具都可以使用,都是比较好的 AI 绘画工具。

1.5.1　Midjourney

Midjourney 是一款用 AI 生成图像的绘画软件,它可以根据用户的文本描述生成拟真的图像与艺术作品。它被托管在 Discord 服务器上,对初学者友好,使用简单,生成的图像质量高、速度快,一分钟左右能出 4 张图。

Midjourney 的工作方式：

用户输入一段描述文字，软件中的 AI 系统会解析文字描述，理解句子中所涉及的物体、场景以及关系，然后从海量图像数据集中选取与描述最相关、最相符的图像片段，重组后生成一张全新的图像。

Midjourney 可以生成如下图像：

（1）照片级别的真实图像。用户只需要输入简单的描述，如"一杯拿铁咖啡在木桌上"，Midjourney 就可以生成真实的图像。

（2）艺术作品和构图图像。输入像"一匹飞马在星空里奔腾"这样的描述，Midjourney 就可以生成唯美的艺术构图图像。

（3）梦幻风格的图像。输入像"一口吞下整个星系"之类带有疯狂想法的描述，Midjourney 就可以生成色彩绚丽的梦幻风格的图像。

（4）按指定风格生成的图像。用户可以在描述中指定输出图像的风格，如"一杯拿铁咖啡在木桌上，莫奈的印象派画风"。Midjourney 就会尽量模拟指定的艺术风格生成图像。

目前，Midjourney 还处于较为初级的图像生成阶段，生成的图像分辨率还不太高，细节也不太完美，但其擅长理解文本，可以基于用户的描述生成风格广泛的图像，在图形创意设计领域有很大的应用潜力。

Midjourney 是一个很有创新性与前景的 AI 绘画软件，值得人们在图形创意设计领域对其进行更深入的探索与试用。

1.5.2　百度文心一格

它是一个 AI 艺术和创意辅助平台，对初学者也比较友好。

在文心一格，你只需输入自己创想的文字，并选择期望的画作风格，即可快速获取由文心一格生成的画作。

文心一格还提供周边定制服务，生成艺术作品之后可以选择定制成手机壳、马克杯、帆布包等。不过，只有通过文心一格审核的图片才能定制相关周边产品。

1.5.3　SDWebUI

SDWebUI 的全称是 Stable Diffusion Web UI。它是一个基于 Gradio 库的 Stable Diffusion 浏览器界面。

Stable Diffusion Web UI 也是一个基于 Stable Diffusion 的开源项目。它提供了友好的网页界面，普通用户也可以轻易地使用 Stable Diffusion 生成图像。作为开源项目，它会持续更新，为用户提供更好的体验。Stable Diffusion Web UI 有望在更广泛的领域推广和应用 AI 艺术与创意。

Stable Diffusion Web UI 还是一款易于使用的 AI 图像生成工具。它具有丰富的生成选项，能够生成高质量的图像，而且每次生成会得到多个不同的图像。用户可以选择不同的风格和内容进行生成，也可以输入或上传图像进行复现或指定条件生成。

Stable Diffusion Web UI 支持本地化部署，用户可以在自己的服务器中训练模型，不存在数据隐私泄露等问题。不过，它需要自行下载模型，对电脑配置的要求较高，显卡最好是 8G 独显以上显存。

1.5.4　Vega AI

这是一个基于 Stable Diffusion 开源项目二次开发的国内 AI 绘画平台，对初学者比较友好，功能多样，操作简单。直接搜索" Vega AI 官网"，不用安装，直接注册登录就可以用。

1.5.5　微信中的 AI 绘画小程序

微信中的 AI 绘画小程序有小狸猫、MewXAI、灵创、意间 AI 绘画、无界 AI 等。它们的操作相对简单，大部分都有"一键同款"的功能，看到心仪的图片，直接点击"一键同款"就可以了。如果不满意，可以在原作者图片参数的基础上做提示词和模型版本的修改。

相对来说，这类软件出图的质量较高，目前有很多专业的画师或者设计师在使用它们。

没有任何绘画基础的人，即使套一下模板也能制作出好看的图片。

第 2 章

Midjourney 的使用

2.1　账号注册

2.1.1　Discord 账号的注册

简单说一下，Discord 是一个即时通信软件，而 Midjourney 则是被托管在 Discord 服务器上面的。因为要从 Midjourney 官网跳转到 Discord 服务器，所以你需要注册一个 Discord 账户，才能正常使用 Midjourney 的 AI 绘画功能。

第一步：开始注册 Discord 账户

在浏览器中搜索"Discord"，打开官网。

在主界面点击右上角的"Login"按钮，进入下一个界面。

跳转后的界面如下图所示，点击左下角的蓝色字"注册"，进入注册页面。

然后，你可以用 Outlook 邮箱或 QQ 邮箱等进行注册，填写自己的电子邮件地址、用户名、密码、出生日期，还有许可项，然后点击"继续"。

这时，系统就会跳转到以下界面进行验证。

按指引点击之后，会有如下提示。按照说明，点击对应的图，进行检查。

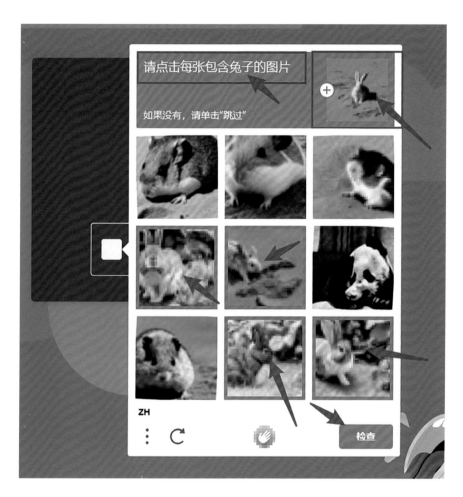

检查通过后会跳转到下一个界面，然后点击"亲自创建"，创建一个属于你自己的服务器（类似于微信群）。

然后，任选一个进去就可以了。这里，我仅以"仅供我和我的朋友使用"为例进行下面的步骤讲解。

上传头像，写好你的服务器名称，然后点击"创建"。

直接点击"跳过",进入下一步。

点击"带我去我的服务器",进入下一步。

你需要登录自己的邮箱,在你的邮件里验证你的 Discord 账户,如下图所示。接下来,你去邮箱里找一下邮件,如果没有验证邮件,就回到下图这个页面,点击"重新发送",如果有验证邮件,就不用点这个了。

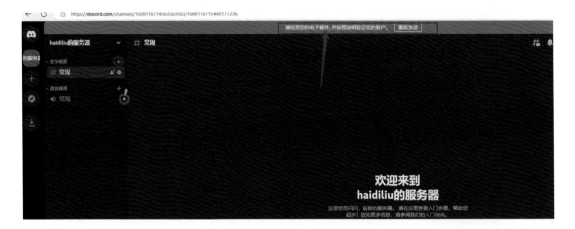

在你的邮箱中找到这个邮件，点进去。

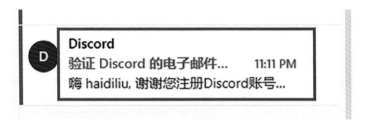

点击"验证电子邮件地址"，这时会跳转到验证页面。

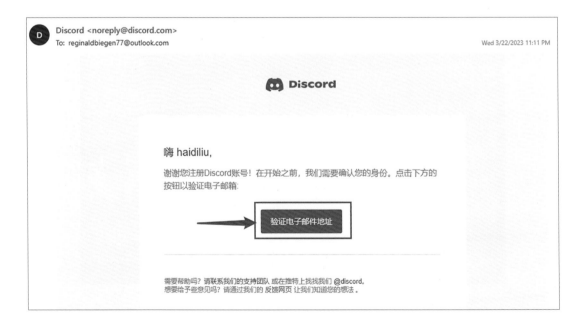

如果验证通过（见下图），则代表你已经完成了账户的验证。这时候，Discord 账户就算注册成功了。

然后，你去 Discord 下载客户端软件，安装后登录，就可以使用 Discord 了。

第二步：进到 Midjourney 界面

在百度搜索一下 Midjourney 官网，然后点击进去。

接下来，我们来说一下 Midjourney 的主界面，先看左下角这两个选项。

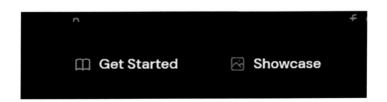

"Get Started"是使用指南，"Showcase"是画廊，也就是展示图片的地方。

右下角这两个选项，"Join the Beta"是加入测试版的意思，"Sign In"是登录的意思。
点击"Join the Beta"，加入测试版。

网页开始跳转到 Discord 的邀请界面，点击"接受邀请"。

点击白色框（见下图），按要求进行验证。

验证通过后，就可以登录网页版 Discord，并进入 Midjourney 服务器。

2.1.2　Discord 中 Midjourney Bot 界面讲解

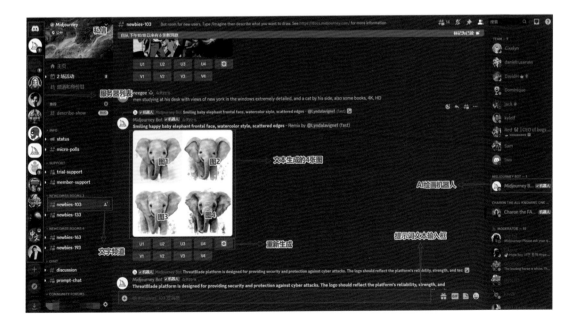

2.1.2.1　图像生成操作

点击 /imagine 命令后，Midjourney Bot 一次会生成 4 张图（见下图），同时下面会附带一些交互按钮。

Midjourney Bot 使用 Discord 来和 AI 模型交互。

Discord 向 AI 模型描述你想要的图的提示词后（用英文表述会更加准确），你就会得到 Midjourney 生成的图。

等一会儿（AI 绘画机器人已经在干活了），

Midjourney 会生成如下效果图。

2.1.2.2　把 Midjourney Bot 拉到你自己的 Discord 服务器中

想知道如何保护你的 Midjourney Bot 和它的作品吗？那就把它拉到你自己的 Discord 服务器中吧！这样就不会像在公共聊天室中那样被海量的消息刷屏，你也可以轻松找到你的 AI 绘画作品，而不必担心它会被偷窥。

另外，保护你的 AI 绘画隐私也是非常重要的。你不希望自己的创作灵感被其他人盗取，对吧？那么将你的作品放到你自己的 Discord 服务器中，只和你的朋友、家人分享，这样你就能放心地进行创作，而不必担心泄露隐私了。

把 Midjourney Bot 拉到自己的 Discord 服务器中还有一个很大的好处，就是可以防止你的提示词被外界知道。如果你在公共聊天室中分享你的创作过程，可能会被其他人看到你的提示词，这样就有可能影响你的创作过程。但如果你把 Midjourney Bot 拉到你自己的 Discord 服务器中，就可以避免这种情况的发生。

把 Midjourney Bot 拉到 Discord 服务器中还有另外一个好处，就是方便你查看自己的创作过程。你可以随时查看之前的创作过程，重新审视你的创作灵感，这样就能更好地提高你的创作技巧和水平。

总之，把 Midjourney Bot 拉到你自己的 Discord 服务器中，不仅能保护你的隐私，还能方便你创作和查看创作过程，真是一个明智的选择！

在 Discord 电脑客户端，点击左侧图标，进入 Midjourney 服务器。

点击右上角的图标，下拉右边栏，找到 Midjourney Bot，点击进去。

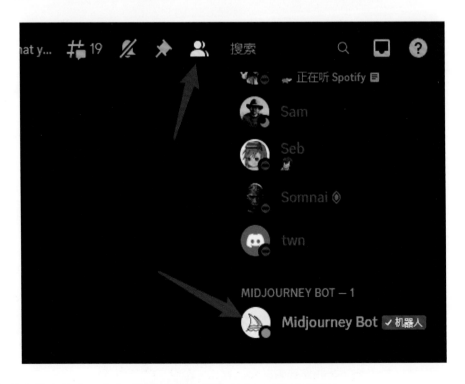

在弹出的卡片中，点击"添加至服务器"按钮，如下图所示。

点击右下角"∨"图标，在下拉列表中选择你之前建立的服务器，然后点击"继续"。

点击"授权"。

一旦出现这个界面，就代表你已经把 Midjourney Bot 拉到你的服务器中了。

这时，进入你自己的服务器，就可以看到右边的"Midjourney Bot"了。

2.2　Midjourney 提示词

2.2.1　基础提示词

> 一个完整的 Midjourney 基础提示词结构是 "/imagine prompt: 提示词 + 参数"，如 /imagine prompt:cat --v 5。[1]

一个画面大致由以下几种元素组成，但不用都写出来，我列举了一些，供大家参考。

- **主题**：动物、人物、地点、物体等
- **环境**：室内、室外、太空、纳尼亚[2]、水下、翡翠城[3]等
- **媒介**：照片、插图、素描画、雕塑、挂毯等
- **照明（光源）**：星光、柔光、环境光、荧光灯、霓虹灯、摄影棚灯等
- **颜色（调色板）**：鲜艳、柔和、明亮、单色、彩色、黑白等
- **心情**：沉重的、平静的、激动的等
- **画质**：4K、8K、高清等
- **渲染**：实时渲染、离线渲染、云渲染等
- **纹路**：豹纹、渐变、线状等
- **时间**：19 世纪 60 年代、20 世纪 80 年代、21 世纪、早上、下午、晚上等
- **镜头**：近景、远景、全景、中景等

…………

下面，我们就以 Midjourney V5 为例讲解一下如何写 Midjourney 提示词。

---

① 说明：所有 "--" 的前面必有一个空格，第二个 "-" 和字母之间是无空格的，字母和数值之间必有一个空格，比如 "--iw 2"。
② 纳尼亚，喻指童话世界。
③ 翡翠城，喻指环保乌托邦，主打绿色环保。

2.2.1.1 主题

我们先由浅入深地讲解一下提示词的组成，最简单的就是单主题。

比如，输入"猫"，就会出现一只猫（动物）。它的提示词结构是"/imagine prompt:cat --v 5"。

比如，输入"男孩"，就会出现一个男孩（人物）。它的提示词结构是"/imagine prompt:boy --v 5"。

比如，输入"深圳"，就会出现深圳（地点）。它的提示词结构是"**/imagine prompt:Shenzhen --v 5**"。

比如，输入"石头"，就会出现石头（物体）。它的提示词结构是**"/imagine prompt: stone --v 5"**。

这是最简单的提示词结构，剩下的元素 AI 绘画会自己加进去。但是这样得到的图，肯定不是我们想要的，所以我们需要进一步细化和描述。

2.2.1.2　主题 + 环境

我们同样按照上述顺序举例讲解。比如，"猫 + 太空"，猫就是主题，太空就是环境。它的提示词结构是"/imagine prompt:cat + space --v 5"。

比如，"男孩＋教室"，男孩就是主题，教室就是环境。它的提示词结构是"**/imagine prompt:boy + classroom --v 5**"。

比如，"石头 + 海边"，石头就是主题，海边就是环境。它的提示词结构是"/imagine prompt:stone + seaside --v 5"。

2.2.1.3　主题 + 环境 + 媒介

比如，"猫 + 太空 + 照片"，猫就是主题，太空就是环境，照片就是媒介。它的提示词结构是"/imagine prompt:cat + space + photo --v 5"。

比如，"男孩 + 教室 + 插图"，男孩就是主题，教室就是环境，插图就是媒介。它的提示词结构是"**/imagine prompt:boy + classroom + illustration --v 5**"。

比如，"石头 + 海边 + 素描画"，石头就是主题，海边就是环境，素描画就是媒介。它的提示词结构是" /imagine prompt:stone + seaside + sketch --v 5"。

2.2.1.4　主题 + 环境 + 媒介 + 照明（光源）

比如，"猫 + 太空 + 照片 + 星光"，猫就是主题，太空就是环境，照片就是媒介，星光就是照明（光源）。它的提示词结构是"**/imagine prompt:cat + space + photo + starlight --v 5**"。

比如，"男孩 + 教室 + 插图 + 荧光灯"，男孩就是主题，教室就是环境，插图就是媒介，荧光灯就是照明（光源）。它的提示词结构是**"/imagine prompt:boy + classroom + illustration + fluorescent light --v 5"**。

比如,"石头 + 海边 + 素描画 + 吸顶灯",石头就是主题,海边就是环境,素描画就是媒介,吸顶灯就是照明(光源)。它的提示词结构是 "**/imagine prompt:stone + seaside + sketch + ceiling light --v 5**"。

2.2.1.5　主题 + 环境 + 媒介 + 照明（光源）+ 颜色（调色板）

比如，"猫 + 太空 + 照片 + 星光 + 冷色调"，猫就是主题，太空就是环境，照片就是媒介，星光就是照明（光源），冷色调就是颜色（调色板）。它的提示词结构是"**/imagine prompt:cat + space + photo + starlight + cool tone --v 5**"。

比如，"男孩 + 教室 + 插图 + 荧光灯 + 中性色调"，男孩就是主题，教室就是环境，插图就是媒介，荧光灯就是照明（光源），中性色调就是颜色（调色板）。它的提示词结构是"/imagine prompt:boy + classroom + illustration + fluorescent light + neutral tone --v 5"。

比如，"石头 + 海边 + 素描画 + 月光 + 柔和色调"，石头就是主题，海边就是环境，素描画就是媒介，月光就是照明（光源），柔和色调就是颜色（调色板）。它的提示词结构是"/imagine prompt:stone + seaside + sketch + moonlight + soft tone --v 5"。

2.2.1.6 主题 + 环境 + 媒介 + 照明（光源）+ 颜色（调色板）+ 画质 + 渲染

比如，"猫 + 太空 + 照片 + 星光 + 冷色调 + 4K + CG 渲染"，猫就是主题，太空就是环境，照片就是媒介，星光就是照明（光源），冷色调就是颜色（调色板），4K 就是画质，CG 渲染就是渲染。它的提示词结构是"/imagine prompt:cat + space + photo + starlight + cool tone + 4K + CG rendering --v 5"。

比如，"男孩＋教室＋插图＋荧光灯＋中性色调＋4K＋CG 渲染"，男孩就是主题，教室就是环境，插图就是媒介，荧光灯就是照明（光源），中性色调就是颜色（调色板），4K 就是画质，CG 渲染就是渲染。它的提示词结构是 **"/imagine prompt:boy + classroom + illustration + fluorescent light + neutral tone + 4K + CG rendering --v 5"**。

比如，"石头＋海边＋素描画＋月光＋柔和色调＋4K＋CG 渲染"，石头就是主题，海边就是环境，素描画就是媒介，月光就是照明（光源），柔和色调就是颜色（调色板），4K就是画质，CG 渲染就是渲染。它的提示词结构是 "/imagine prompt:stone ＋ seaside ＋ sketch ＋ moonlight ＋ soft tone ＋ 4K ＋ CG rendering --v 5"。

你看，加了其他类型的提示词后，画面是不是变得更精美了？

在实际操作中，大家可以按照自己想要的画面去组合提示词，越靠前的词，权重就越大。

比如，下面这幅图是我使用了 14 种元素（构图、拍摄角度、风格、房间类型、焦点、纹路、细节、调色板、品牌、照明、地点、时间、氛围、建筑风格）组合起来的画面，是不是很精美？

提示词：有趣的，正视角，斯堪的纳维亚风格，儿童房，装饰墙，编织，木制，毛绒玩具，奇特的装饰，有趣的图案，柔和色调，鲜艳的装饰，宜家，柔和，温暖的灯光，深圳，下午，快乐，孩子气，现代，4K

/imagine prompt:playful, eye-level, Scandinavian, nursery, accent wall, knit, wood, plush toys, whimsical decor, fun patterns, pastels, bright accents, IKEA, soft, warm lighting, Shenzhen, afternoon, joyful, childlike, modern, 4K --ar 16:9 --v 5

2.2.2 高级提示词

2.2.2.1 结构

高级提示词可以包括一个或多个图像提示词、一个或多个文本提示词和一个或多个参数。

1. 图像提示词

可以在提示词中添加图像网址，以影响图像最终的样式和内容。图像网址始终位于提示词的最前面。

2. 文本提示词

添加你想要的图像的文本描述，好的提示词可以帮助 Midjourney 生成意想不到的图像。

3. 参数

参数会影响图像生成的方式，通常放在提示词结尾处。

2.2.2.2 长度

提示词可以非常简单。单个单词甚至连表情符号都可以生成一张图像。非常简短的提示词将严重依赖 Midjourney Bot 的默认风格，因此，使用更加具有描述性的提示词可以得到更加独特的效果。但是，提示词并不是越多越好，请将注意力集中在你想要创建的图的描述上。

2.2.2.3 语法

Midjourney Bot 不像人类那样理解语法、句子或单词，所以提示词的选择很重要。在许多情况下，使用更具体的同义词，生成的效果会更好。比如，用"巨大的""庞大的""极大的"来代替"大"。还可以使用逗号、括号和连字符等帮你组织语言，不过，Midjourney Bot 可能无法准确理解它们。

2.3 Midjourney 参数

2.3.1 版本参数

2.3.1.1 版本（Version）

可以使用 --version 或 --v 指定不断迭代的版本。当前最新的模型是 Midjourney V5，在这之前还有 Midjourney V4、V3、V2、V1。

以下是使用相同的提示词"可爱的猫"，通过 --v 指定 V1、V2、V3、V4、V5 模型生成的示例图。

提示词：可爱的猫

/imagine prompt: cute cat --v 1

提示词：可爱的猫

/imagine prompt: cute cat --v 2

提示词：可爱的猫

/imagine prompt: cute cat --v 3

提示词：可爱的猫

/imagine prompt: cute cat --v 4

提示词：可爱的猫

/imagine prompt: cute cat --v 5

2.3.1.2　动漫模型（Niji 4 和 Niji 5）

你可以通过在 Bot 中键入"/settings"来切换你想要的模型，选择"Niji version 4"或者"Niji version 5"来启用 Niji 4 或者 Niji 5。

1. Niji 4

使用 --niji 4 来启用 Niji 4，这个模型偏动漫风格。

下面是使用 Niji 4 生成的示例图。

提示词：可爱的猫

/imagine prompt: cute cat --niji 4

2. Niji 5

使用 --niji 5 来启用 Niji 5，这个模型偏写实动漫风格。

下面是使用 Niji 5 生成的示例图。

提示词：可爱的猫

/imagine prompt: cute cat --niji 5

1）Expressive Style

使用 --niji 5 --style expressive[1] 来启用 Niji 5。**这种风格更加写实，偏游戏原画风格。**

提示词： 可爱的猫

/imagine prompt: cute cat --niji 5 --style expressive

风格解析

这种风格是从 3D 渲染中获取概念，并将其应用到动画中的。以下是这种风格的亮点：

（1）逼真的眼睛。这种风格的特点是使形象拥有更加逼真的眼睛。

（2）次表面散射。这是一种在 3D 图形中常用的计算光线对半透明物体影响程序的技术，这种技术可以使物体的表面看起来更加光滑。

（3）环境遮挡。这在 3D 图形中被用于描绘没有灯光效果的物体。使用恰当的环境遮挡可以营造一种重量感。

（4）高色度。这种风格的色度比默认的更饱和，使形象看起来更加立体、富有层次感。

---

[1]　编辑注：参数状态的书写格式是 Midjourney 自动生成的固定格式，与 Expressive Style 的书写方式不同，其他处同此处情形。

2）Cute Style

使用 --niji 5 --style cute 来启用 Niji 5。**这种风格更显可爱，偏动画风格。**

提示词：可爱的猫

/imagine prompt: cute cat --niji 5 --style cute

风格解析

这种风格是从可爱的文具和装饰图形设计中汲取灵感的。以下是这种风格的亮点：

（1）可爱的风格。这种风格的特点是拥有非常可爱的脸。

（2）平面阴影。这种风格减少了灯光对构图的影响，而使用了一种微妙的平面阴影方案。

（3）较多空白空间。由于其强烈的 2D 元素，这种风格使用了大面积的空白来强化构图。

（4）细节较多。这种风格利用了复杂的图形生成了很多个细节。

3）Scenic Style

使用 --niji 5 --style scenic 来启用 Niji 5。**这种风格多用于风景画。**

提示词：可爱的猫

/imagine prompt: cute cat --niji 5 --style scenic

风格解析

　　这种风格集合了 Default Style（默认风格）、Expressive Style、Cute Style 的优点。以下是这种风格的亮点：

　　（1）默认的面部造型。这种风格使用了现代动漫的面部造型。

　　（2）富有表现力的 3D 灯光效果。这种风格使用了一个复杂的系统来模拟更真实的光影。

　　（3）可爱的图形风格。把一个主题放到场景中是一个相当大的挑战。Scenic Style 从 Cute Style 中借用了强大的图形元素，可以使画面保持平衡。

2.3.1.3 测试版本

除上述版本外，Midjourney 还提供了几个测试版本的模型。

Test 版本（Test）

使用 --test 来启用 Test。

提示词：可爱的猫

/imagine prompt: cute cat --test

Testp 版本（Testp）

使用 --testp 来启用 Testp。这个模型适合摄影类作品。

提示词：可爱的猫

/imagine prompt: cute cat --testp

在使用这两个测试版本模型时，需要注意其与其他参数的兼容性。

- 支持的 --stylize 参数取值范围是 1250~5000
- 不支持提示词权重（::）
- 不支持图像提示
- 支持的最大宽高比是 3:2 或 2:3
- 当宽高比是 1:1 时，初始生成图的网格数量是 2
- 当宽高比不是 1:1 时，初始生成图的网格数量是 1
- 靠近前面的提示词可能比靠近后面的提示词的权重更大

Midjourney 当前支持的版本主要有以下几种：

- --v 1
- --v 2
- --v 3
- --v 4
- --v 4 --style 4a
- --v 4 --style 4b
- --v 4 --style 4c（等同于 --v 4）
- --v 5
- --test
- --test --creative
- --testp
- --testp --creative
- --niji
- --niji 4
- --niji 5

2.3.2 功能参数

2.3.2.1 宽高比（Aspect Ratio）

使用 --aspect 或 --ar 来设定宽高比，也就是尺寸比值，如下图所示。

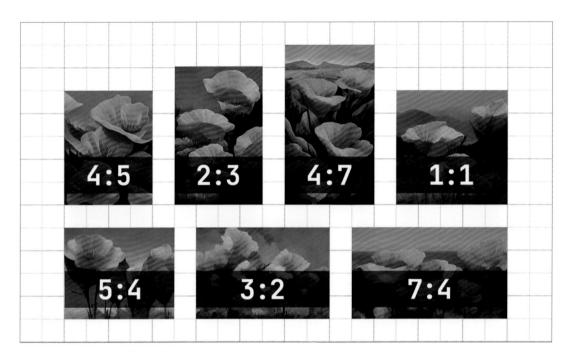

不过，这里需要注意的是，Midjourney 不同版本的模型支持的宽高比范围是不同的，如下图所示。

模型版本	4c（默认）	4a/4b	V3	Test/Testp	Niji
宽高比范围	1:2 ~ 2:1	1:1、2:3、3:2	5:2 ~ 2:5	3:2 ~ 2:3	1:2 ~ 2:1

目前 Midjoureny 中的图像默认为正方形，但是我们可以使用参数命令 --ar 改变图像的宽高比。为了匹配屏幕大小，我们可以使用 9:16 的宽高比来设计一个图像，或者使用它们获得图像真正的宽和高。

我们仍以提示词"可爱的猫"为例展开讲解。

提示词：可爱的猫

/imagine prompt: cute cat --v 4（因为宽高比 1:1 是默认的，所以不用写。）

提示词：可爱的猫

/imagine prompt: cute cat --ar 16:9 --v 4

提示词：可爱的猫

/imagine prompt: cute cat --ar 9:16 --v 4

提示词：可爱的猫

/imagine prompt: cute cat --ar 2:3 --v 4

提示词：可爱的猫

/imagine prompt: cute cat --ar 3:2 --v 4

2.3.2.2　混沌度（Chaos）

使用 --chaos 或 --c 来指定混沌度，表示生成图的变化多样性，取值范围为 0~100，默认值为 0。值越小，生成图的稳定性越高；值越大，生成图的变化多样性越强，就越有可能出乎意料。

以下是使用同样的提示词跑了 3 次任务的生成图效果，可以看出生成图还是比较稳定的。

提示词：可爱的猫

/imagine prompt: cute cat --c 0

提示词：可爱的猫

/imagine prompt: cute cat --c 0

提示词：可爱的猫

/imagine prompt: cute cat --c 0

以下是在 --c 值为 50 的条件下使用同样的提示词跑了 3 次任务的生成图效果，可以看出变化确实大了一些。

提示词：可爱的猫

/imagine prompt: cute cat --c 50

提示词：可爱的猫

/imagine prompt: cute cat --c 50

提示词：可爱的猫

/imagine prompt: cute cat --c 50

2.3.2.3　去除（No）

使用 --no 可以让模型尽量避免在图中生成对应的元素。

下面是使用相同的提示词但设置不同的参数生成的示例图。

提示词：可爱的猫

/imagine prompt: cute cat --v 5

提示词：可爱的猫

/imagine prompt: cute cat --no yellow --v 5

2.3.2.4　提示词权重（Prompt Weight）

提到 --no，就不得不讲到 :: 符号，这个符号表示提示词权重。--no <prompt word> 还可以用 <prompt word>::-.5 来表示，它们的生成效果是一样的。

　　具体来讲，:: 这个符号既可以跟在一个提示词后面（不能有空格）用来告诉 Midjourney Bot 进行分词，还可以增加一个数字表示这个提示词的权重，默认值为 1。不过，这个权重值是归一化处理的，比如，hot::1 dog、hot:: dog::1、hot::2 dog::2、hot::100 dog::100 效果是一样的，即 hot 和 dog 都是分词且权重一样；又比如，cup::2 cake::、cup::4 cake::2、cup::100 cake::50 效果是一样的，即 cup 和 cake 都是分词，但 cup 的权重更大。

　　上面的 -.5 是负数，表示不要的意思，和 --no 效果一样。

　　下面是使用相同的提示词但设置不同权重生成的示例图，差别一目了然。

提示词：热狗

/imagine prompt:hot dog

提示词：热 :: 狗

/imagine prompt:hot::dog

提示词：热::2 狗

/imagine prompt:hot::2 dog

2.3.2.5 渲染质量（Quality）

使用 --quality 或 --q 设置渲染图像的参数，以得到更高质量的生成图。默认值为 1，取值范围为 <.25, .5, 1, 2>（.25 和 .5 分别是 0.25 和 0.5）。数值越大，渲染成本越高，图的质量可能就越好；反之亦然。需要注意的是，这个参数并不影响分辨率，它改变的是图像的细节。

该参数只对 V1、V2、V3、V4、V5、Niji 这几种版本的模型有效。

　　下面是使用相同的提示词但设置不同参数的示例图，我们以 V 5 版本为例，可以仔细观察一下它们在细节上的差别。

提示词：可爱的猫

/imagine prompt: cute cat --v 5 --q .25

提示词：可爱的猫

/imagine prompt: cute cat --v 5 --q .5

提示词：可爱的猫

/imagine prompt: cute cat --v 5 --q 1

提示词： 可爱的猫

/imagine prompt: cute cat --v 5 --q 2

2.3.2.6　种子（Seed）

Midjourney Bot 使用一个种子数字来创建一个视觉噪声场，并把它当作生成初始图像网格的起点。种子编号是随机生成的，但是可以用 --seed 或 --sameseed 命令设置参数。使用相同的种子编号和提示词将生成相似的图像。

在 V1、V2、V3、Test、Testp 版本的模型中，可以使用 --seed <seed number of pre job> 在新任务中生成与之前任务相似的新图。

在 V4、V5、Niji 版本的模型中，如果 提示词 + Seed + 参数 是一样的，那么 Bot 将会生成完全一样的图。

有了 --seed，我们可以通过调整提示词，使新任务与旧任务在内容发生变化的同时，还能保留一些相同的元素。这个参数的存在使得我们生成一个系列图集成为可能。

下面这两张图分别是用下列提示词通过 V5 版本模型生成的。这两张图的画风虽然不同，但图中的女孩却有着近似的外貌。

提示词：一个可爱的动漫猫女孩，艾伯特·富勒·格雷夫斯的作品

/imagine prompt: a cute anime cat girl, artwork by Abbott Fuller Graves --seed 10000 --v 5

提示词：一个可爱的动漫猫女孩，手冢真的作品

/imagine prompt: a cute anime cat girl，artwork by Makoto Tezuka --seed 10000 --v 5

需要注意的是，要想在 Midjourney 中找到一个任务的种子，需要使用 Discord 中的信封表情符号（✉）向这个任务发送一条互动消息。

2.3.2.7 网格共用种子（Sameseed）

使用 --sameseed 可以让初始网格中的所有图像都使用相同的初始噪声，并生成非常相似的图像。--sameseed 兼容的版本有：V1、V2、V3、Test、Testp。

下面的示例展示了使用 --sameseed 和不使用 --sameseed 的初始噪声和最终生成图。

提示词：一个可爱的动漫猫女孩，艾伯特·富勒·格雷夫斯的作品

/imagine prompt: a cute anime cat girl, artwork by Abbott Fuller Graves --sameseed 10000 --v 3

提示词： 一个可爱的动漫猫女孩，艾伯特·富勒·格雷夫斯的作品

/imagine prompt: a cute anime cat girl, artwork by Abbott Fuller Graves -- v 3

我们可以看到，使用了 --sameseed 的初始噪声和最终生成图更加近似。

2.3.2.8　任务完成度（Stop）

使用 --stop 指定生成图任务的完成度，取值范围为 10~100，默认值为 100。值越小，完成度越低，图像就越模糊；值越大，完成度越高，图像就越清晰。任务完成度较低的情况下会产生更模糊、更不详细的图像。

下面是使用同样的提示词但分别指定了不同的任务完成度的示例图，从模糊度和细节上可以看到明显的差别。

提示词：可爱的猫

/imagine prompt: cute cat --v 5 --stop 10

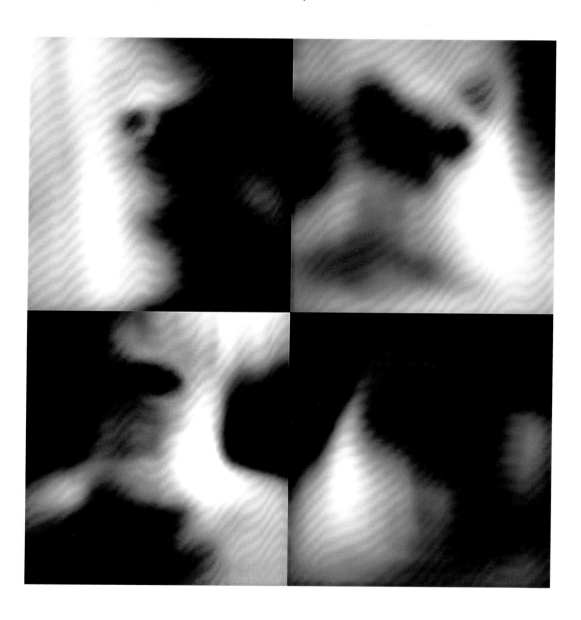

提示词：可爱的猫

/imagine prompt: cute cat --v 5 --stop 50

提示词：可爱的猫

/imagine prompt: cute cat --v 5 --stop 100

2.3.2.9　风格（Style）

Midjourney V4 中有三种风格略有差异的模型：4a、4b、4c（默认），可以通过 --style 来指定风格。

下面是使用同样的提示词但分别指定不同的风格生成的示例图。

提示词： 可爱的猫

/imagine prompt: cute cat --v 4 --style 4a

提示词：可爱的猫

/imagine prompt: cute cat --v 4 --style 4b

提示词：可爱的猫

/imagine prompt: cute cat --v 4 --style 4c

2.3.2.10　风格化程度（Stylize）

Midjourney 所训练的绘画模型有它所偏爱的艺术色彩和创作形式，我们可以通过 --stylize 或 --s 来设定其艺术偏向性的程度。几种不同版本模型 Stylize 的默认值和取值范围，如下图所示。

模型版本	V4	V3	Test/Testp	Niji
Stylize 默认值	100	2500	2500	NA
Stylize 取值范围	0~1000	625~60 000	1250~5000	NA

　　Stylize 值越低，生成图的艺术偏向性越低，与提示词的关联度就越高；Stylize 值越高，生成图的艺术偏向性越高，与提示词的关联度就越低。

　　下面是使用同样的提示词但分别设定了不同 Stylize 值生成的示例图。

提示词：可爱的猫插画

/imagine prompt:cute cat illustrated --stylize 50

提示词：可爱的猫插画

/imagine prompt:cute cat illustrated --stylize 100

提示词：可爱的猫插画

/imagine prompt:cute cat illustrated --stylize 750

2.3.2.11　重复贴片（Tile）

使用 --tile 可以生成重复图块的图像，比如织物、壁纸和纹理的**无缝**图案。

下面是用提示词生成的贴片图经过多片拼接得到的图。可以看到，多个贴片拼接在一起时，花纹确实是无缝衔接的。

提示词：彩色猫条纹

/imagine prompt:colorful cat stripes --test --tile

2.3.2.12 创造性（Creative）

在使用 Test 和 Testp 版本模型时，可以用 --creative 使生成图更具变化性和创造性。

下面是使用相同的提示词但分别设置了不同参数生成的示例图。

提示词：可爱的猫

/imagine prompt: cute cat --test

提示词： 可爱的猫

/imagine prompt:cute cat --test --creative

2.3.2.13　混合命令（Blend）

使用 /blend 可以快速上传 2~5 张图像，分析每张图像的美学理念，并将它们融合成一张新的图像。

/blend 最多可以使用 5 张图像。如果在提示词中要使用 5 张以上的图像，请使用 /imagine 命令和图像提示词。

/blend 与文本提示词不兼容。如果需要同时使用图像提示词和文本提示词，请使用 /imagine 命令和图像提示词。

使用 /blend 后，系统将提示我们要上传 2 张图像。当使用移动设备时，可拖放图像或从图库中添加图像。若要添加更多图像，请选择"选项"字段并选择"image3""image4""image5"，如下图所示。

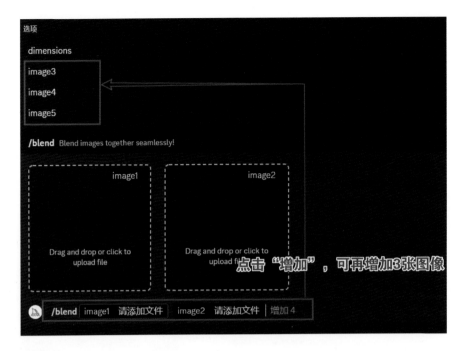

/blend 命令可能比其他命令的启动时间要长，因为在 Midjourney Bot 处理我们的请求之前，我们必须先上传图像。

混合图像默认使用 1:1 长宽比，但我们可以使用"dimensions"字段在正方形长宽比（1:1）、竖向长宽比（2:3）或横向长宽比（3:2）之间进行选择。

自定义后缀会被添加到 /blend 提示词的末尾，就像其他 /imagine 提示词一样。作为 /blend 命令的一部分，指定的长宽比会覆盖自定义后缀中的长宽比。

需要注意的是，为了获得最佳效果，我们要上传与自己期望结果相同比例的图像。

2.3.2.14　图像权重（Image Weight）

V5 版本模型的默认值为 --iw 0.5，取值范围为 0.5~2。当这个参数的值较大时，表明图像对于当前绘制新图的任务权重较高；反之亦然。

我们就在下面这个图上进行垫图，看看权重变化后生成图之间的差别。

提示词：原图链接　可爱的猫

/imagine prompt: https://s.mj.run/kMDsfF-N5OI cute cat --iw 0.5 --v 5

提示词：原图链接　可爱的猫

/imagine prompt:https://s.mj.run/kMDsfF-N5OI　cute cat --iw 1 --v 5

提示词：原图链接　可爱的猫

/imagine prompt: https://s.mj.run/kMDsfF-N5OI cute cat --iw 1.5 --v 5

提示词：原图链接　可爱的猫

/imagine prompt: https://s.mj.run/kMDsfF-N5OI　cute cat --iw 2 --v 5

从这四幅图中我们可以看出，图像权重值越大，越接近原图。

2.3.2.15 合成（Remix）

在 Midjourney 中可以使用 /prefer remix 打开或关闭合成模式。在合成模式下，网格图的 V1、V2、V3、V4、V5 按钮动作会受到影响，它允许我们在每次变化中修改我们的提示词。对于上采样的图，要使用合成功能，可以点击"Make Variations"按钮。

下面是一个使用合成功能的示例图。

第一步：打开合成模式后，选择一个上采样的图（由提示词**在树上摆姿势的猫，正视角，生活方式，布娃娃，眼睛和鼻子，柔软的地毯和树木纹理，周围的房间装饰，柔和的颜色，从窗户照射进来的自然光，客厅，下午，轻松活泼，奶油色和白色，4K** 生成），点击"Make Variations"按钮。

（ cat posing on the tree, eye-level, lifestyle, ragdoll, eyes and nose, soft carpet and tree texture, surrounding room decor, pastel colors, natural light from window, living room, afternoon, relaxed and playful, cream and white, 4K --ar 16:9 --v 5 ）

第二步：在弹出的对话框中输入新的提示词（**狗，正视角，生活方式，布娃娃，眼睛和鼻子，柔软的地毯和树木纹理，周围的房间装饰，柔和的颜色，从窗户照射进来的自然光，客厅，下午，轻松活泼，奶油色和白色，4K**），然后点击"提交"。

（dog, eye-level, lifestyle, ragdoll, eyes and nose, soft carpet and tree texture, surrounding room decor, pastel colors, natural light from window, living room, afternoon, relaxed and playful, cream and white, 4K -- ar 16:9 --v 5）

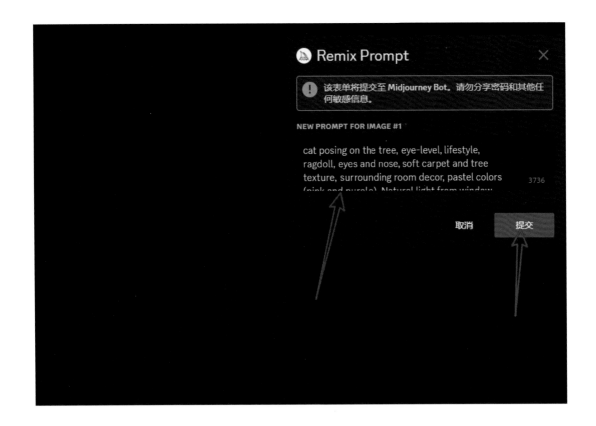

第三步：Midjourney 将在原始图像的影响下，根据新的提示词生成新的图像。

需要注意的是，只有对生成图的变化过程有影响的参数才会在合成模式下生效。

	影响初始生成	影响变化和合成
宽高比（Aspect Ratio）	✓	✓
混沌度（Chaos）	✓	
去除（No）	✓	
渲染质量（Quality）	✓	✓
种子（Seed）	✓	
网格共用种子（Sameseed）	✓	
任务完成度（Stop）	✓	
风格化程度（Stylize）	✓	✓
重复贴片（Tile）	✓	
图像权重（Image Weight）	✓	✓
生成过程视频（Video）	✓	✓

2.3.2.16　图像转文字（Image2Text）

使用 /describe 命令并上传图像，即可获得 4 个描述该图像的文本提示词；然后点击下方的按钮，生成每个对应的图像。

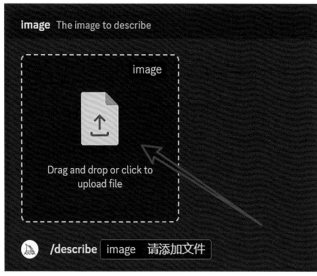

具体步骤：在客户端输入"/"，然后选"describe"，把我们想要生成文字的图像拖进去，Midjourney Bot 就会生成 4 个提示词，想要哪个提示词，就点击图像下面相应的数字图标，选中对应的提示词。

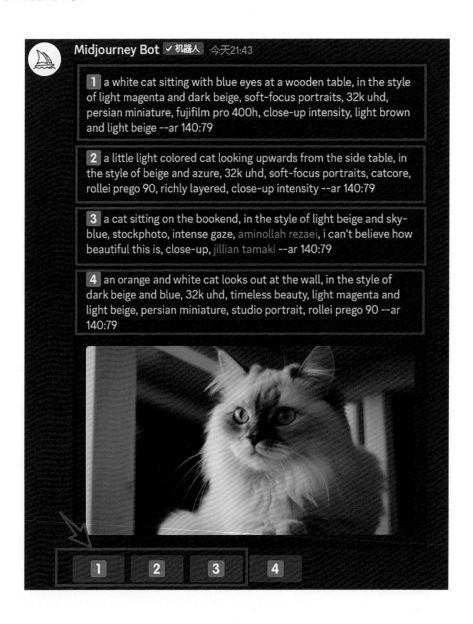

比如，这里选中了"3"，弹出来的文本框里就是相应的提示词，我们可以修改提示词，也可以直接提交，就会生成新的图像了。

下面这个就是用提示词"3"生成的图，虽然和原图不是很像，但是我们可以根据自己的需要调整提示词。

2.3.2.17 生成过程视频（Video）

使用 --video 可以让 Midjourney 将初始网格生产任务的过程保存为一段视频。不过，V4 和 V5 版本模型不能生成过程视频。

下面是使用提示词生成图像的过程的视频示例。

提示词：猫

/imagine prompt: cat --video --v 3

要想获得这个视频，我们需要通过信封表情符号（✉）给该任务发送一条互动消息，Midjourney Bot 会在给我们回复的消息中附上视频地址。

2.3.2.18　小结

以上便是对 Midjourney 功能参数的介绍，为了用好它们，我们还需要注意它们与不同版本模型之间的兼容性。

（1）下面是一些参数在 Midjourney V4 版本模型上的默认值和取值范围。

参数	宽高比	混沌度	渲染质量	种子	任务完成度	风格	风格化程度
默认值	1:1	0	1	随机	100	4c	100
取值范围	1:2 ~ 2:1	0 ~ 100	.25、.5、1、2	0~4 294 967 295	10 ~ 100	4a、4b、4c	0 ~ 1000

（2）下面是一些参数在图像生成过程中的影响程度以及在 Midjourney 不同版本模型上的兼容性。

	影响初始生成	影响变化和合成	V4	V3	Test/Testp	Niji
宽高比（Aspect Ratio）	✓	✓	1:2 / 2:1	5:2 / 2:5	3:2 / 2:3	1:2 / 2:1
混沌度（Chaos）	✓		✓	✓	✓	✓
图像权重（Image Weight）	✓			✓	✓	
去除（No）	✓	✓	✓	✓	✓	✓
渲染质量（Quality）	✓		✓	✓		✓
种子（Seed）	✓		✓	✓		
网格共用种子（Sameseed）	✓			✓		
任务完成度（Stop）	✓	✓	✓	✓	✓	✓
风格（Style）			4a、4b			
风格化程度（Stylize）	✓		0~1000 默认 100	625~60 000 默认 2500	1250~5000 默认 2500	
重复贴片（Tile）	✓	✓		✓		
生成过程视频（Video）	✓			✓		
初始网格数量（Grid Number）	—	—	4	4	2（宽高比为 1:1） 1（宽高比不为 1:1）	

2.3.3　上采样参数

使用 Midjourney 生成图像时，Midjourney 通常会先生成一个低分辨率图像选项的网格供我们选择。当网格图像中有合适的图时，我们就可以选择对其进行上采样（Upscale）来获得一张尺寸更大、细节更丰富的图。

在做上采样时，有几种上采样器可以选择。

2.3.3.1 Light 上采样器（Uplight）

我们可以通过 --uplight 来指定使用 Light 上采样器。这个上采样器在原图的基础上适量增加了一些细节。

下面是使用 Light 上采样器生成的示例图。

提示词：猫

/imagine prompt: cat --uplight

2.3.3.2　Beta 上采样器（Upbeta）

我们可以通过 --upbeta 来指定使用 Beta 上采样器。这个上采样器不会在原图的基础上增加太多额外的细节。

下面是使用 Beta 上采样器生成的示例图。

提示词：猫

/imagine prompt: cat --upbeta

对比上面的 Light 上采样器，可以看到猫的头上没有增加那么多细节。

2.3.3.3　动漫上采样器（Upanime）

动漫上采样器 --upanime 是我们使用 --niji 时的默认上采样器，它针对插图和漫画风格做了一些优化。

下面是使用动漫上采样器生成的示例图。

提示词： 猫

/imagine prompt: cat --upanime

第 3 章

AI 绘画和 ChatGPT
组合应用

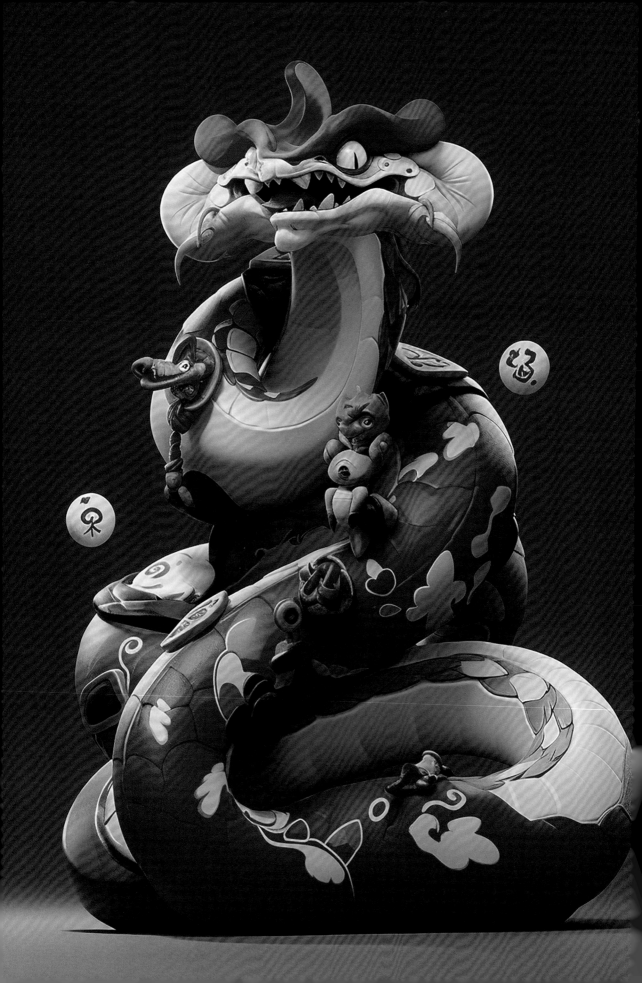

1. ChatGPT 是什么

你好！我是 ChatGPT，OpenAI 开发的语言模型。我受过大量文本数据的训练，可以根据我收到的输入生成类似人类语言的文本。我可以回答问题，与你聊天，提供信息，甚至进行创造性的写作。我的训练数据使我能够理解和生成各种风格和格式的文本，从非正式聊天到学术写作。我是来帮忙的，有什么问题尽管问我！

2. ChatGPT 能做什么

ChatGPT 是一个由 OpenAI 开发的大型语言模型，它可以完成多种任务，包括：

（1）对话。与用户进行自然语言交流，回答问题，提供信息等。

（2）文本生成。生成文本，包括但不限于文章、故事、描述等。

（3）文本摘要。对长文本生成简略的摘要。

（4）文本翻译。将文本从一种语言翻译成另一种语言。

（5）文本标注。为文本进行语标注、语义标注、实体标注等。

总的来说，ChatGPT 是一个多功能的自然语言处理工具，可以用于多种场景，如对话、生成文本和摘要等。

更详细的用法，大家可以去翻阅由电子工业出版社出版的《人人都能玩赚 ChatGPT》一书。

3.1　Midjourney + ChatGPT

Midjourney 是一款用 AI 生成图像的绘画软件。它可以根据用户的文本描述生成拟真的图像与艺术作品。

虽然目前 Midjourney 还处于较为初级的图像生成阶段，生成的图像分辨率还不太高，细节也不太完善，但其擅长理解文本，可以基于用户的描述生成风格广泛的图像，在图形创意设计领域有很大的应用潜力。

ChatGPT 是一个开源的对话式 AI 模型，可以为 Midjourney 生成提示词。这些提示词可以为 Midjourney 等 AI 绘画工具提供具有指导性的文本提示，帮助其生成视觉效果图。Midjourney 可以根据用户的兴趣和创意不断调整和修改这些提示词，使其生成新奇有趣的 AI 绘画作品。这也是 ChatGPT 等语言模型的一种应用方式。

ChatGPT 还有更深入的用法，下面我们就来详细介绍一下。

我们可以将画面分成几个维度，并生成提示词，如下图所示。

RE 我想让你模拟Midjourney中的AI提示词生成器，你的任务是尽可能简洁地描述一个场景。你必须先让我提供一个主题概念，你再根据"主题（动物、人物、地点、物体⋯⋯）+ 媒介（照片、绘画、插图、雕塑、涂鸦、挂毯⋯⋯）+ 环境（室内、室外、太空、纳尼亚、水下、翡翠城等⋯⋯）+ 照明（柔光、环境光、荧光灯、霓虹灯、摄影棚灯⋯⋯）+ 颜色(鲜艳、柔和、明亮、纯色、彩色、黑白⋯⋯) + 心情（沉重的、平静的、喧闹的、激动的⋯⋯）+ 构成（人像、大头照、特写、鸟瞰图⋯⋯）+ 画家名字(毕加索⋯⋯)"组合成提示词(直接组合成句子，不用解释)，要组合出5个同主题的提示词。
单个提示词不超过50个单词，并把每个提示词翻译成英语。最后，询问我是否将结束当前任务或继续完成另一个不同的任务。
那么，你让我提供一个主题概念后才开始。

⊙ 好的，请提供一个主题概念。

RE 未来城市

⊙ 好的，以下是5个与 "未来城市" 相关的提示词。

1. 主题: 未来城市，媒介: 插图，环境: 高楼大厦内部，照明: 暖黄色灯光，颜色: 冷色调，心情: 未来感，构成: 俯视图，画家: Syd Mead。
Prompt: "A futuristic city depicted in an illustration showing the interior of a high-rise building, with warm yellow lighting and a cool color palette. The composition is a top-down view and the artwork is by Syd Mead."

2. 主题: 未来城市，媒介: 绘画，环境: 夜晚街道，照明: 霓虹灯，颜色: 高饱和度，心情: 繁华喧嚣，构成: 近景，画家: Simon Stålenhag。
Prompt: "A painting of a bustling and vibrant futuristic city at night, with high saturation colors and neon lighting illuminating tha close-up scene of a street. The artwork is by Simon Stalenhag."

3. 主题: 未来城市，媒介: 照片，环境: 高速公路，照明: 车灯，颜色: 黑白，心情: 紧张刺激，构成: 运动轨迹，画家: Liam Wong。
Prompt: "A black and white photograph of a futuristic city taken from a moving vehicle on a highway at night, with the headlights illuminating the scene and creating a sense of tension and excitement. The composition captures the motion and was taken by Liam Wong."

4. 主题: 未来城市，媒介: 涂鸦，环境: 地下隧道，照明: 荧光灯，颜色: 鲜艳，心情: 街头文化，构成: 墙面涂鸦，画家: Blu。
Prompt: "A vibrant and colorful graffiti art in a futuristic city's underground tunnel, lit by fluorescent lighting and capturing the street culture. The artwork is in the form of wall graffiti and was created by Blu."

5. 主题：未来城市，媒介：雕塑，环境：公园，照明：自然光，颜色：铜色，心情：未来的
希望，构成：人像，画家：Paige Bradley。

Prompt: "A sculpture depicting a human figure in a futuristic city's park, made
of copper-colored material and illuminated by natural light. The artwork conveys a
sense of hope for the future and was created by Paige Bradley."

是否需要更多提示词？

接下来，我们来看看生成的图是什么样的。

3.2　Stable Diffusion + ChatGPT

用 ChatGPT 生成提示词，将这些提示词复制粘贴到 Stable Diffusion 界面，并设置参
数，最后生成图像。下图为用 ChatGPT 生成提示词的示例。

Stable Diffusion is an AI art generation model. This is an example prompt for it: pirate, concept art, deep focus, fantasy, intricate, highly detailed, digital painting, art station, matte, sharp focus, illustration, art by Magali Villeneuve, Chippy, Ryan Yee, RK Post, Clint Cearley, Daniel Ljunggren, Zoltan Boros, Gabor Szikszai, Howard Lyon, Steve Argyle, Winona Nelson.

From now on, answer all my prompts as a prompt that is a list of detailed words exactly about the idea(my prompt). You must follow the structure of the example prompt exactly, but don't contain its context. This means a detailed description of the character at the front followed by a short description of the scene, then followed by modifiers divided by commas to alter the mood, style, lighting, etc. The words between commas should be as concise as possible(best if ≤ 3 words), but the prompt should be as long as possible(best if ≥ 25 modifiers), so it will contain more details. Don't describe the scene, just generate the prompt for Stable Diffusion.

Your response should always start exactly with: ((masterpiece)), (best quality), (detailed).

Respond "OK" if you understand, you should only respond as i instructed, no other text allowed.

译文：

Stable Diffusion 是一个 AI 艺术生成模型。这是一个例子:海盗，概念艺术，深度聚焦，幻想，复杂，高度细节，数字绘画，艺术站，哑光，强聚焦，插图，Magali Villeneuve, Chippy, Ryan Yee, RK Post, Clint Cearley, Daniel Ljunggren, Zoltan Boros, Gabor Szikszai, Howard Lyon, Steve Argyle, Winona Nelson。

从现在开始，回答我的所有提示，提示词是关于这个想法（我的提示）的详细单词列表。你必须完全遵循提示词示例中的结构，但不要包含它的上下文，即首先是对角色进行的详细描述，然后是对场景的简短描述，最后是用逗号分隔的修饰符，以改变心情、风格、灯光等。逗号之间的单词应该尽可能简洁（少于等于 3 个单词最好），但提示词应该尽可能长（多于等于 25 个修饰词最好），这样它将包含更多的细节。不需要描述场景，只需要生成 Stable Diffusion 的提示词。

你的回答应该以"（（杰作）），（最好的质量），（详细的）"开头。

如果你理解了，就回复"OK"，你只回复我的指示，不允许回复其他文本。

下面的提示词是一些主题类型，你可以把它们加进去，ChatGPT 会给你生成一段完整的提示词。你也可以自行设计提示词模板，用于生成 Stable Diffusion 的提示词。提示词分为正向提示词和负向提示词，用来告诉 AI 哪些是需要的，哪些是不需要的。负向提示词一般是通用的，指的就是画面中不想出现的元素。

正向提示词：((大作))①，(高质量的)，(细节的)，(幻想的)，(梦幻的)，(超现实的)，(超可爱的)，(可爱少女)，穿着一件可爱的彩色连衣裙

Positive Prompts：((masterpiece))，(high-quality)，(detailed)，(fantasy)，(dreamlike)，(surreal)，(super cute)，(Red Cliff girl)，wearing an adorable colorful dress

负向提示词：(最差画质：2)，(低画质：2)，(正常画质：2)，((单色))，((灰度))，皮肤斑点，痤疮，皮肤瑕疵，老年斑，背光，(丑陋：1.331)，(复制：1.331)，(病态：1.21)，(残缺：1.21)，(变形：1.331)，变形的眼睛，变形的嘴唇，变异的手，模糊，(解剖结构不良：1.21)，(比例不良：1.331)，三臂，多肢，多腿，多臂，多手，(缺臂：1.331)，(多腿：1.331)，(手指融合：1.61051)，(手指太多：1.61051)，(眼睛不清：1.331)，手不好，缺手指，多手指，身体不好，易消极，三足，四足，不对等的眼睛，(特写：2)，未跟踪的眼睛，交叉的眼睛，((牙齿))，胸罩

Negative Prompts：(worst quality:2)，(low quality:2)，(normal quality:2)，((monochrome))，((grayscale))，skin spots，acnes，skin blemishes，age spot，backlight，(ugly:1.331)，(duplicate:1.331)，(morbid:1.21)，(mutilated:1.21)，(tranny:1.331)，deformed eyes，deformed lips，mutated hands，blurry，(bad anatomy:1.21)，(bad proportions:1.331)，three arms，extra limbs，extra legs，extra arms，extra hands，(missing arms:1.331)，(extra legs:1.331)，(fused fingers:1.61051)，(too many fingers:1.61051)，(unclear eyes:1.331)，bad hands，missing fingers，extra digit，bad body，easynegative，three feet，four feet，unequal eyes，(close up:2)，untracked eyes，crossed eyes，((toothy))，bra

---

① （）是权重符号，表示这个提示词的权重是 1.1 倍。（（ ）表示权重增加到 1.21 倍（1.1×1.1）。

3.3 AI 绘画 + ChatGPT + 小红书

3.3.1 穿搭玩法

用 ChatGPT 生成 AI 绘画工具的提示词，再用 AI 绘画工具生成图像，最后用 ChatGPT 生成文案，并在小红书上发布。示例如下。

 我在使用Midjourney，请帮我用英文描述，一件非常漂亮的童装，主要颜色是粉色，女孩穿，10个月的宝宝，材质是棉麻。

 Sure, here's a possible English description for your Midjourney listing:

This adorable toddler outfit is perfect for your little princess! Made of high-quality cotton and linen materials, it's soft, comfortable, and perfect for everyday wear. The main color is a lovely shade of pink that's sure to make your little girl stand out, and the style is perfect for a 10-month-old baby girl. The cotton and linen blend gives it a casual, relaxed vibe that's perfect for playtime or outings. Your little one will look cute and stylish in this outfit, and you'll love how easy it is to care for. Don't miss out on this beautiful piece for your baby's wardrobe!

ChatGPT 生成的文案的译文：

这套童装真的太可爱了！粉粉嫩嫩的颜色，简直是宝宝的最爱！宝宝 10 个月了，这个棉麻材质的小套装正好适合这个年龄段。抚触手感，超级舒适，不会刺激宝宝的肌肤；顶部配有可爱的蝴蝶结，加上分层设计，既不会太热又有格调；花边袖口和裙摆的点缀，俏皮可人的小细节让这套衣服整体看起来很精致。这套童装的搭配也很讲究，上衣和裙子的色块和图案巧妙呼应，又不会太过突兀，正如这个年龄段的宝宝应有的甜美与活泼。综上，无论是面料选择还是设计细节，都适合这个年龄段的宝宝，值得入手。为宝宝添置一些精致舒适的衣物，也是我们做妈妈的乐趣之一呢！

3.3.2 头像或手机壁纸玩法

可以用 AI 绘画工具生成头像或者手机壁纸，在小红书上发表，为了防止别人盗图，记得要打上水印哦！

头像或手机壁纸的价格一般都是 30 元起步，你可以根据客户的需求合理定价。

3.4　AI 绘画 + ChatGPT + 抖音

首先，我们来说说 AI 绘画。AI 绘画是指利用人工智能技术让计算机学会绘画。这意味着即使我们不是画家，也能创作出令人惊叹的艺术作品。我们可以通过简单的操作和指令，使用 AI 绘画技术让计算机自动生成漂亮的图片。这样，不仅可以节省我们的时间和精力，还可以探索更多独特的创作风格。

然后，我们来聊聊 ChatGPT。ChatGPT 是一个基于大型语言模型的聊天机器人。它可以理解我们的问题，并提供有用的回答和建议。这意味着我们可以与 ChatGPT 进行对话，获取各种信息，寻求创意和灵感，甚至解决问题。ChatGPT 的语言处理能力非常强大，它可以提供个性化的回答，使我们感觉仿佛在与一个真人对话！

最后，我们谈谈抖音。抖音是一款非常流行的短视频社交软件，我们可以通过抖音向全世界的人分享我们的创作和生活。

AI 绘画 + ChatGPT + 抖音的组合可以为我们带来很多优势。我们可以通过 AI 绘画创作出令人惊叹的艺术作品，通过 ChatGPT 获取有用的信息和创作灵感，并将它们与抖音的用户分享。这样，我们就可以展示自己的才华，与他人进行互动，获得更多的关注。它们的结合将为我们带来无限的可能。快来试试吧！

1. AI 绘画 + ChatGPT

用 ChatGPT 生成一段提示词，然后让 AI 绘画工具根据该提示词生成图像，二者相互结合就可以生成创意故事。比如，最近比较火的小说推文运用的就是这两种技术的结合。

2. ChatGPT + 抖音

我们可以在抖音上发布一段由 ChatGPT 生成的短笑话或微小说，然后看看该短视频会有怎样的流量和评论。我们也可以用 ChatGPT 生成带货"种草"的分镜脚本，然后根据脚本配置"种草"图片，实现高效"种草"。

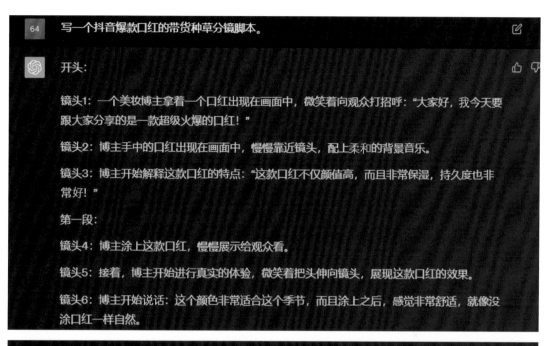

64　写一个抖音爆款口红的带货种草分镜脚本。

开头：

镜头1：一个美妆博主拿着一个口红出现在画面中，微笑着向观众打招呼："大家好，我今天要跟大家分享的是一款超级火爆的口红！"

镜头2：博主手中的口红出现在画面中，慢慢靠近镜头，配上柔和的背景音乐。

镜头3：博主开始解释这款口红的特点："这款口红不仅颜值高，而且非常保湿，持久度也非常好！"

第一段：

镜头4：博主涂上这款口红，慢慢展示给观众看。

镜头5：接着，博主开始进行真实的体验，微笑着把头伸向镜头，展现这款口红的效果。

镜头6：博主开始说话：这个颜色非常适合这个季节，而且涂上之后，感觉非常舒适，就像没涂口红一样自然。

第二段：

镜头7：接下来，博主开始分享这款口红的其他特点：防水、防汗、不易掉色，可以保持完美的妆容。

镜头8：博主开始用手指涂抹口红，然后向观众展示这款口红的耐久性。

镜头9：博主介绍这款口红的包装，告诉观众这个包装非常精致，质感很好，适合作为礼品。

第三段：

镜头10：博主开始回答一些常见的问题，比如这款口红适合什么样的肤色，是否容易晕染等。

镜头11：博主给出了这款口红的完美搭配方案，告诉观众如何搭配这款口红才能展现出最完美的妆容。

结尾：

镜头12：最后，博主再次向观众推荐这款口红，并呼吁观众多多支持自己的直播间。

镜头13：画面渐渐模糊，博主手持这款口红站在舞台中央，向观众挥手告别，镜头切换到产品logo。

镜头14：产品logo出现在画面中，搭配着柔和的背景音乐，提示观众可以在淘宝店铺或其他电商平台购买这款口红。

3. AI 绘画 + 抖音

使用 AI 绘画工具生成一系列图片、视频，拼接成一个完整的视觉故事，然后在抖音上发布，看看这种自动生成的视觉故事能否吸引观众。如果效果比较好，也可以尝试与精品影视剧或动漫 IP 进行跨界合作，自动生成衍生作品。

4. ChatGPT + AI 绘画 + 抖音

将上述玩法结合起来，使用 ChatGPT 生成一段故事文本或剧情提纲，然后使用 AI 绘画工具将其转换为一系列图片，最后在抖音上以短视频的形式发布完整的故事，实现从文本到视频的全自动生成。

这些尝试都是艺术创作和流量变现的探索，能较好地将 AI 技术与内容平台相结合，使其产生 1+1 大于 2 的效果，但也存在生成结果不精确或可操作性不强的风险，所以创作者需要对生成效果进行严格把关，同时也需要评估与内容 IP 或品牌跨界合作的可行性。这无疑是一条充满机遇的探索之路。

3.5 AI 绘画 + ChatGPT + 公众号

简而言之，AI 绘画 + ChatGPT + 公众号这种组合在内容生产方面会非常有优势，其作用主要体现在以下几个方面：

（1）创作效率大大提高。有了 AI 技术的帮助，公众号不怕再出现"梗块"的尴尬了，要内容有内容，快速高产，可以释放作者的创作激情。

（2）增加用户黏性。人机协作内容互动性强，粉丝们看得简直停不下来，参与感十足，乐此不疲。

（3）内容创新、花样层出不穷。不仅能制作文字、图片，还能创作短视频、故事场景之类的新内容。AI 技术带来了全新的创作形式，公众号的内容体系立马升级，前所未有的体验让老用户眼前一亮。

（4）提升核心竞争力。定制化内容、IP 跨界合作等，以前想都不敢想，现在都能实现了。这种商业变现的新玩法，提升了核心竞争力。

熟练使用 AI 技术并与用户互动，已经成为运营公众号必备的新技能。要保持竞争力，就得不断总结，跟着 AI 去探索未知领域。这条路虽然难行，但机遇很多，有很好的发展前景。

AI 绘画、ChatGPT 和公众号的结合可以产生一些新的玩法：

（1）定期生成 AI 绘画作品并发布在公众号上，和读者进行互动。可以让读者给 AI 绘画作品起标题、补充文字描述，或者创作一段与 AI 绘画作品相关的短剧情，然后在后续的发布中使用读者提供的内容，实现人机协同创作。这可以增加公众号的用户黏性。

（2）使用 ChatGPT 自动生成一篇短篇小说或散文，发布在公众号上，收集和分析读者的反馈意见，根据反馈不断优化 ChatGPT 的写作能力和风格。这可以有效获得大量人工检验样本，提高 ChatGPT 的写作质量。

（3）发布一组 AI 绘画作品，让读者创作一段与该组作品相关的短剧情，然后使用这段剧情再让 ChatGPT 生成续篇。这样一来一回，形成人机多轮协作，产生豆瓣小组式的连载内容。这种玩法可以最大限度地激发读者的参与度与创作热情。

（4）发布一则有丰富想象空间的文字剧情提示，让公众号的读者提交自己基于该提示创作的 AI 绘画作品。然后，从众多作品中评选出最佳的几幅，后续的内容中使用获选的作品，并披露创作者的信息。

这种方式可以实现 AI 绘画的群策群力，产生更加丰富多元的视觉效果。不过，这些尝试都需要依托一个拥有一定规模读者群的公众号，不断发布富有互动性和想象力的内容，激发读者参与创作和互动。

人机协作可以最大限度地激发人的创造力，内容的丰富度和多样性也会因此大大提高。但生成效果的一致性和连贯性仍需平台严格把关，避免影响用户体验。这无疑也是公众号运营的一个新思路。

3.6　AI 绘画 + ChatGPT + AI 视频

用 Midjourney 生成一张人物的正面图像，需要五官端正，然后用 ChatGPT 生成要解说的文案，并在 D-ID 网页端制作视频。

1. 制作图像

工具：Midjourney

可以用 ChatGPT 生成我们需要的提示词，也可以自己写提示词，还可以在下图这个网站中搜索主题，复制里面的提示词，操作步骤如下图所示。

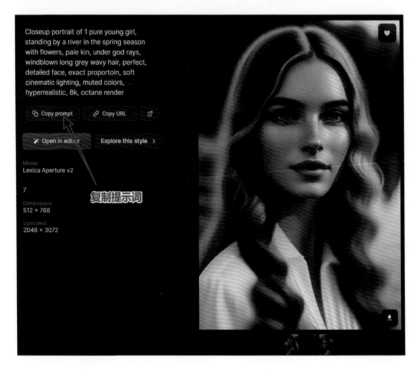

然后，复制粘贴到 Midjourney 中生成图像，生成的图像可以用 WPS 无损放大，也可以用修图软件美颜一下。

2. 制作文案

工具：ChatGPT

用 ChatGPT 生成要解说的文案。

3. 制作视频

工具：D-ID

打开 D-ID 官网，注册账号并登录，也可以使用谷歌账号登录。

点击"+"，打开制作界面。

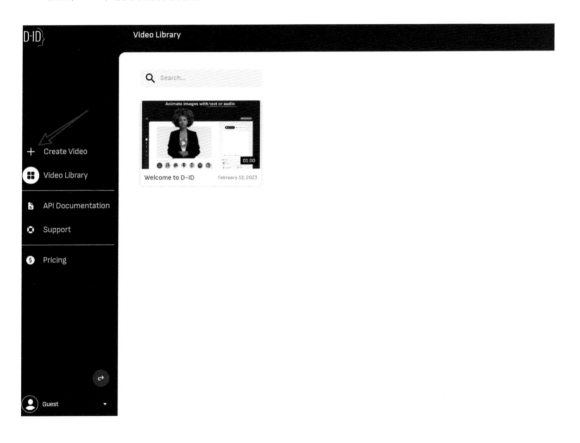

按照操作步骤去制作视频。

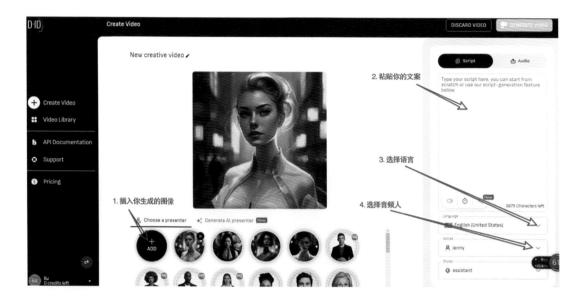

最后下载下来，这样我们就把 AI 视频做好了。一个新的 D-ID 账户可以制作一个 5 分钟的体验视频。

3.7　AI 绘画 + ChatGPT + 小说人物 / 场景

用 Midjourney 等 AI 绘画工具生成小说人物形象或场景，然后用 ChatGPT 生成小说的内容，将它们结合在一起就可以自动生成一篇小说。下面为小说《宿命之环》AI 绘画的示例图。

这四幅图均来自爱潜水的乌贼所写的《宿命之环》。

角色：卢米安、奥萝尔

时代背景：

19 世纪 50 年代至 90 年代的法国巴黎

卢米安：

年轻男性，十八九岁，身材挺拔，四肢修长，黑色短发，浅蓝色眼眸，五官精致，帅气，棕色的夹克式外套，双手插兜

奥萝尔：

异常美貌的女子，二十三四岁，一头长长的浓密的金发，浅蓝色眼眸，金色眉毛，五官明艳，浅色的荷叶边立领长裙

第 4 章

AI 绘画的场景应用

4.1　AI 绘画在设计领域的应用

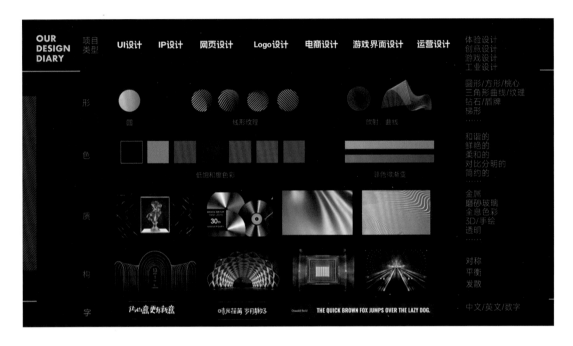

随着人工智能相关技术的发展，AI 在设计领域的发展也非常迅速。目前阿里、网易、腾讯等互联网大厂已经要求用 AI 赋能团队设计工作和进行规范沉淀。AI 在设计领域的落地场景也很多。想要高效系统地实现 AI 在设计领域应用，就必须先了解用 AI 进行设计的特点与方法。

近年来，设计行业也发生了很大变化，设计从传统的只是把页面做好看的美化工作过渡到了体验设计和创意设计时代。设计师的工作内容也变得更加丰富，包括 UI 设计、IP 设计、网页设计、Logo 设计、电商设计、游戏界面设计、运营设计等。而在其中，AI 的发展会加速互联网设计行业的进化，这不仅体现在工作效率上，更体现在设计前期的概念探索、头脑风暴等环节中，AI 的发展推进了设计行业的进步。

4.1.1　AI 设计的特点

AI 设计的特点主要体现在其优势和劣势上，目前用 AI 做设计的优势和劣势都非常明显。

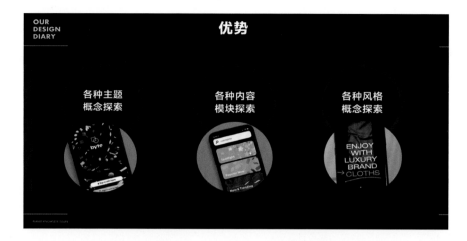

优势是 AI 对于各种设计项目概念的探索非常快，以前做一项设计可能需要 2 天时间找灵感，再花 3 天时间去设计，但现在通过 AI 技术几分钟就可以得出很多方案，大大提升了设计效率。

但是 AI 在现阶段还有很多不足，首先是目前 AI 的解决方案还不成熟。特别是互联网产品，除了要设计得美观，更重要的是页面的逻辑性。比如做 UI 设计，首要的就是在视觉上把产品功能优先级表达清楚。其次是目前 AI 的设计风格尚不具备足够的前瞻性。比如在电商设计领域，设计有视觉冲击力的图片确实很重要，但是更重要的还是要清晰表达产品的卖点，让用户看到这个设计就有下单的欲望。

因而 AI 做设计的劣势也很明显。一是 AI 无法处理排版问题，需要设计师根据自己对产品和内容的理解，重新对文字信息进行排版设计。二是 AI 无法理解业务逻辑，AI 生成的都是创意想法和理念，可以作为前期的概念探索。但是在项目落地时，还是要结合实际场景，毕竟最终还是要实现产品、运营和设计的一致性。三是 AI 只能辅助设计师工作，无法直接处理设计工作。不过，让 AI 在前期提供设计创意是完全没有问题的。能辅助设计师设计，说明 AI 在这方面的潜力和价值已经很大了。

4.1.2　AI 设计的方法

AI 设计的主要方法就是通过构建提示词使用 AI 绘画工具辅助设计师进行创作。那么，该如何构建提示词呢？这里我总结了一些方法供大家借鉴。

4.1.2.1　根据设计风格构建提示词

AI 是基于大数据来学习的，其背后有大量的数据，对于目前互联网已有的风格 AI 非常清楚。因此，告诉 AI 要设计的项目需要什么样的风格也是构建提示词的一个简单思路。你只要告诉它明确的风格要求，它就能快速生成对应的效果。比如，互联网目前比较常用的风格：扁平化、3D 质感、通透质感、金属质感、全息色彩、等距质感、纹理质感，等等。你只需要告诉 AI 你要设计的项目类型和风格，AI 就能生成大量的设计方案。

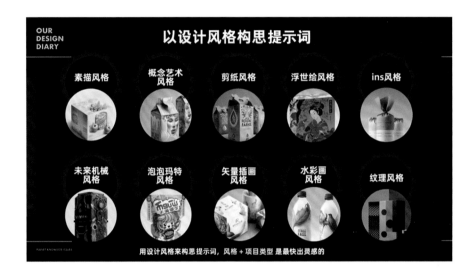

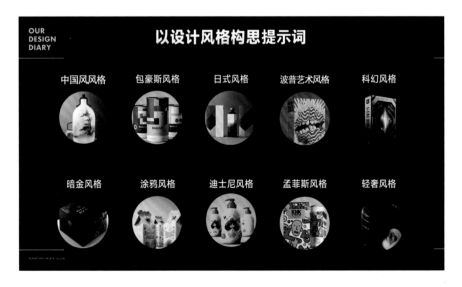

那么，想要根据设计风格构建提示词，你就需要了解各种风格类型词，以及每种风格适合什么的产品。比如，中国风风格可能比较适合一些中国风的产品；波普艺术风格比较适合电商设计、大促设计等；科幻风格适合行业发布会和很前瞻的产品设计；暗金风格比较适合会员产品；轻奢风格适合一些大牌产品；等等。

除了掌握和应用具体的风格类型词，你还可以指定 AI 的设计手法，比如参考苹果、谷歌、微软等知名公司的设计，这时候 AI 就会化身这些大厂的设计师帮你设计，并且能够获得不错的效果。如下图就是参考 dribbble 网站风格生成的网页设计。

提示词：一个蓝色的网页设计，插画风格，有一条鲸鱼在画面中间，dribbble 风格

/imagine prompt：A blue web design, illustrative style, with a whale in the middle, dribbble --v 5

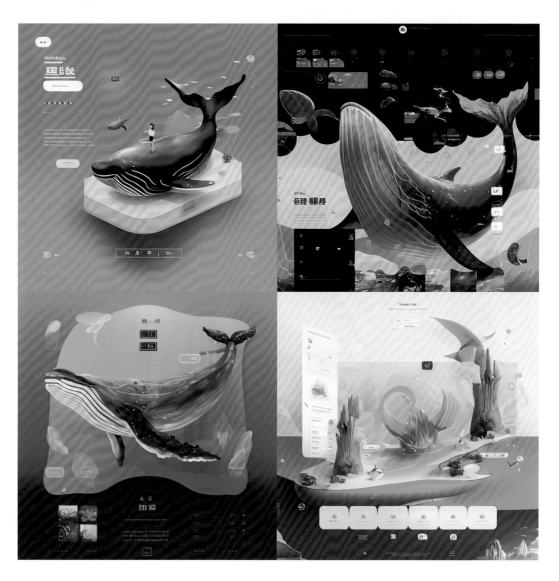

当然，设计风格远远不止我列举的这些。总之，在前期我们可以通过"风格 + 产品类型"，快速产出风格概念的设计思路，然后在这个基础上不断调整提示词。

比如下图，就是用"产品名称 + 设计风格"得出的一组设计图。你只需要告诉 AI 要设计的产品类型，以及希望设计参考的风格，那么 AI 就会围绕你的要求进行概念设计。

提示词：社交软件，移动端应用程序，谷歌材料设计风格、dribbble 风格的 UI 设计

/imagine prompt：UI design for social software, mobile App, Google material design style, dribbble --v 5

而如果把设计风格的提示词换成"Airbnb deisgn style"，就会生成爱彼迎（Airbnb）风格的设计图，虽然其中的文字无法识别，但是其整体配色和调性，还是能给后续设计以借鉴作用的。

提示词：由 Pablo Stanley 设计的爱彼迎网站界面，流行因素，参考大卫·拉切贝尔的《拉切贝尔工作室》（Studio Lachapelle）一书，cta，行动呼吁，按钮，豪华公寓摄影，UI 设计元素，网格构图，dribbble 风格，搜索引擎，图标，插图，UI 套件，平面设计，精致细节，复杂细节，产品视图，工作室光线，强烈的艺术感

/imagine prompt：Airbnb website interface designed by Pablo Stanley, pop, reference to the book *Studio Lachapelle* by David Lachapelle, cta, call to action, button, luxury apartment photography, UI design elements, grid composition, dribbble, search engine, icons, illustrations, UI kit, flat design, fine details, intricate details, product view, studio lighting, strong artistic sense --v 5

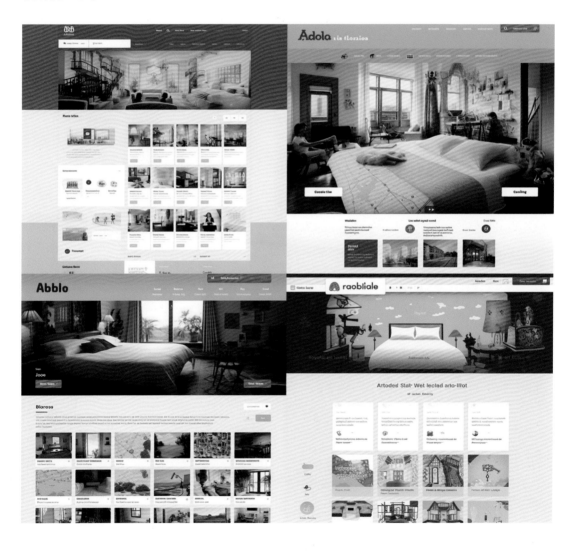

提示词：由 Basquiat 设计的爱彼迎网站主界页面，平面设计，材料设计，爱彼迎设计系统，包豪斯图形设计，iOS 浏览器，设备，照片，按钮，文本，爱彼迎徽标和网络图标，产品视图，正视图，工作室光线

/imagine prompt：homepage of the Airbnb website interface by Basquiat, flat design, material design, Airbnb design system, Bauhaus graphic design, iOS browser, device, photographs, buttons, text，Airbnb logo and web icons, product view, front view, studio lighting --v 5

可以看出，AI 对于目前市面上一些知名设计风格还是很熟悉的，比如前面列举的苹果风格、谷歌风格、爱彼迎风格等。

我们再以 Facebook design style 为提示词，生成一组社交产品概念设计，给出产品名称和设计风格描述后，AI 也很快给出了和 Facebook 类似的设计概念图，并且细节还不错。

提示词：比 Facebook 更好的用户界面设计

/imagine prompt：Facebook better UI design --v 5

如果你对生成的设计方案不满意，可以通过刷新界面来重新设计方案。当然，你也可以根据自己的想法，比如对页面类型或色调等进行调整，让 AI 重新生成。如果你对设计风格不熟悉，也可以直接上网搜索"知名设计风格"，寻找合适的风格词并翻译成英文，并将这些词输入给 AI 进行设计，你会得到意想不到的效果。

提示词：网页应用程序设计，参照 Facebook 风格的再设计，Figma 网站设计风格，Adobe Illustrator，用户界面

/imagine prompt：App web design, Facebook redesign, Figma, Adobe Illustrator, UI --v 5

4.1.2.2　根据设计质感构建提示词

除了设计风格，你还可以把各种常用的质感作为创意思路，比如大家非常熟悉的扁平化质感、金属质感、磨砂玻璃质感、3D 质感、C4D 质感，以及杂志质感等。你也可以把这些质感词加入你的提示词中，从而得到很多高级的设计效果。

比如，要设计一款潮玩手办，就可以在提示词中加上"3D toys"的质感描述，再加上潮玩 IP 的一些特征，AI 就能根据描述生成一组潮玩手办的设计图。

提示词：生成二视图（正视图、侧视图和背视图），穿着透明胶衣的可爱小女孩，Chibi，全身，荧光半透运动时尚套装，大号荧光鞋，糖果色，黑色背景，3D 玩具，赛博朋克风格，Cinema 4D，辛烷渲染，收藏玩具

/imagine prompt : three views (the front view, the side view and the back view), little cute girl wrapped in transparent plastic, Chibi, full body, fluorescent translucent sports fashion trend clothing, wearing big glowing shoes, candy color, black background, 3D toys, cyberpunk style, Cinema 4D, octane rendering, collectible toys --ar 3:2 --s 1000 --niji 5 --style expressive

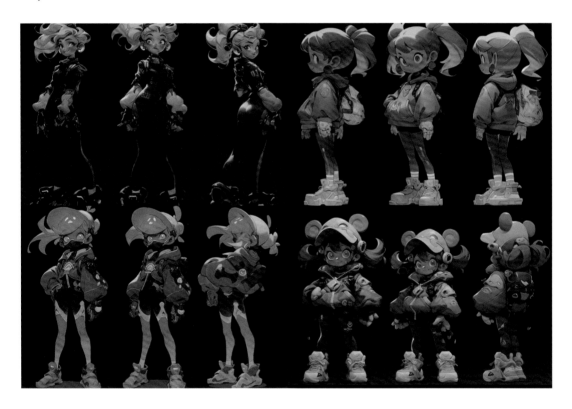

再比如，最近电影《灌篮高手》上映，引起了一波流行浪潮。如果你喜欢类似的动漫效果，就可以告诉 AI 需要加入一定的 3D 质感，想要参考《灌篮高手》的画风就再加上灌篮高手相关的提示词，就可以得出类似的图。

提示词：雕塑艺术品，《灌篮高手》的宫城良田，厚嘴唇，红色球衣，穿着红色篮球服和绿色篮球鞋，简单背景，人物概念艺术，3D，可爱的卡通设计，超高清，卡通人物，细节详细，电影灯光，超锋利的材料，特写，复杂纹理，OC 渲染，8K，超逼真

/imagine prompt: sculpture, artwork, Ryouta Miyagi（Yuhiko Inoue）of SLAM DUNK, thick lips, red jersey, wearing a red basketball uniform and green basketball shoes, simple background, character concept art, 3D, cute cartoon design, UHD, cartoon-like characters, super detailed, cinematic lighting, super sharp materials, close up, complex textures, octane rendering, brush, 8K, super realistic --ar 3:4 --iw 1.5 --niji 5 --style expressive

提示词： 极简主义的头像，简单粗黑线条，Noritake 风格

/imagine prompt : minimalist avatar, consists of simple thick black lines, Noritake Style

AI 设计的最强大之处，就是只要给 AI 文字描述，它就能依托大数据快速生成符合文字描述要求的图。言外之意就是，作为设计师，只要你对各种设计风格很熟悉，并且了解各种风格的运用场景，就能让 AI 成为你的好帮手。比如，你要设计一个头像，只要你确认了所需的风格，AI 就能快速生成方案。只要有相应的文案描述，AI 就能批量生成，真的非常强大。

设计图生成后，就可以被应用在各种产品中，比如盘子、杯子等周边产品，你只需在提示词中加上产品类型词即可。下图就是给出风格词和产品类型后快速生成的。

提示词： 一组盘子摆放不均，上面有漂亮的儿童插画，做得很好，自上而下，间隔均匀

/imagine prompt : set of plates places unevenly, with nice kids paintings on them, quite well done, top down, spaced evenly --v 5.1

如果你想做得更有纪念意义和独特性，你也可以把自己孩子的照片定制到瓷器上。在本书第 4.5 节中有详细操作解析。

提示词：一个盘子，上面放着儿童定制照片，精美的，独特的，彩色的，个性化的，充满童趣的，温馨的，创意十足的，珍贵的回忆

/imagine prompt : A plate with a customized photo of a child placed on it, exquisite, unique, colorful, personalized, full of childlike fun, heartwarming, creative, precious memories

你也可以增加时间提示词，比如"1998 年夏天"，AI 就会进一步细化画面，从而获得更细致、生动的设计创意。

提示词：1998 年夏天，下午 5 点，一位 60 岁的奶奶去幼儿园接她 5 岁的孙女，她们手牵着手从幼儿园出来，中式，新海诚风格，正视图，温暖的阳光，温馨，侧背光，长镜头，明亮光线，8K

/imagine prompt：summer 1998, 5 pm, a 60-year-old grandmother goes to pick up her 5-year-old granddaughter from kindergarten, they come out of the kindergarten hand in hand, Chinese, Makoto Shinkai style, front view, warm sunlight, warm, side backlight, full length shot, bright, 8K --v 5

4.1.2.3　根据项目类型和设计零件构建提示词

项目类型指的是设计的内容和类别，常见的项目类型有 Logo、网站、弹窗页、移动应用界面，或者一组图标，等等。你需要在提示词里明确指出你需要设计的项目类型，以便 AI 生成的设计方案更精准。无论是一个网站界面，还是一个品牌 Logo，只要你能准确描述，AI 都会按照你的需要给你意想不到的方案。

下图就是 AI 生成的一组适用于 macOS 系统的用户界面方案图。

提示词：应用于苹果公司 iPad macOS 系统，3D 效果，用户多任务处理界面

/imagine prompt：UI of multitasking on 3D for macOS of iPad，made by Apple --v 5

　　设计零件指的是设计的组成部分。在明确了设计任务的具体类型后，你可以通过描述设计零件继续细化提示词。以应用程序界面设计为例，一个 App 的设计包括了很多页面模块，比如启动页面、注册页面、用户个人页面、空白页面、信息流呈现页面、详情页面、购物车页面、支付页面等。那么我们在设计的时候，就可以直接以要设计的具体页面为提示词。

　　下图就是向 AI 输入包含距离、票价、费用结算、折扣金额和地图等要素的移动端界面的设计描述提示词，在这些提示词中"距离、票价、费用结算、折扣金额和地图"就是这项设计的零件。根据这个方法，我们可以做出大量详细的页面设计。

提示词：设计一款手机软件的界面，包括距离、票价、费用结算、折扣金额和地图，苹果设计奖，高分辨率，dribbble 风格

/imagine prompt：Design a mobile page that includes distance, fare, fee settlement, discount amount and map, Apple Design Award, high resolution, dribbble --v 5

提示词：设计一款包括距离、卡路里、步数和某种运动锻炼等要素的移动应用的界面，苹果设计奖，高分辨率

/imagine prompt：Design a mobile page that includes distance, calories, steps and some kinds of exercise, Apple Design Awards, high resolution --v 5

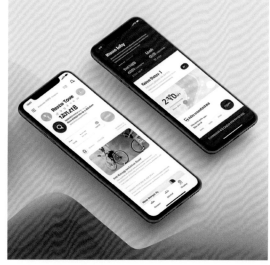

　　根据这个思路，我们可以设计很多应用程序的详细页面，让 AI 帮助我们在前期快速找到设计方向和灵感。

　　设计中的零件有很多创意与构思。比如，标识及使用规范、卡通形象（包括三视图设计）、字体、线下广告、周边礼品、线上推广及运营、产品情感化等。这里给大家总结出如下一些参考。

　　举个例子，在创意设计中，我们经常会设计一些吉祥物。那么，如何让 AI 在吉祥物设计的前期帮我们找到灵感呢？

提示词:生成三视图（即正视图、侧视图和背视图），全身，裹着透明塑料的可爱小女孩，Chibi，荧光半透明运动时尚服装，大号发光鞋，糖果色，黑色背景，3D 玩具，赛博朋克风格，Cinema 4D，辛烷渲染，收藏玩具，风格表现力

/imagine prompt : three-view drawing (the front view, the side view and the back view), full body, cute little girl wrapped in transparent plastic, Chibi, fluorescent translucent sports fashion trend clothing, wearing big glowing shoes, candy color, black background, 3D toys, cyberpunk style, Cinema 4D, octane rendering，collectible toys --ar 3:2 --niji 5 --style expressive

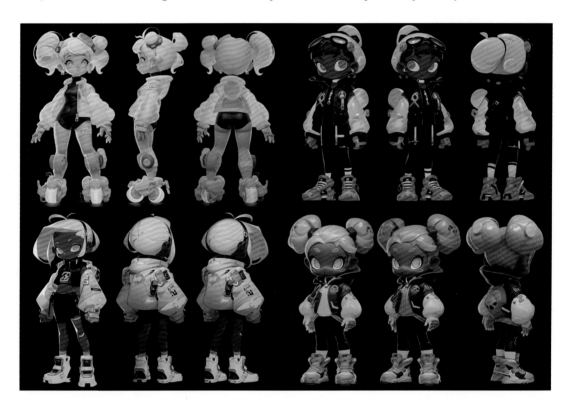

你可以直接向 AI 描述要设计的 IP 吉祥物的样子，加上提示词"三视图"，以及对这个 IP 的细节描述，AI 就能快速生成类似上面这样高质量、高质感的 IP 设计图，包括各个角度的视图。

常见的设计类型的设计零件还有很多，这里再为大家列举一些：

（1）网页设计的零件。比如，网页配色、平面排版、空间关系、品牌展现、核心视觉、情绪表达、实现技术……

（2）图标设计的零件。比如，造型线条、空间透视、质感肌理、光影明暗、细节亮点、呈现环境……

（3）UI 设计的零件。比如，界面布局、色彩关系、控件造型、质感肌理、交互关系、实现技术……

（4）标注设计的零件。比如，符号寓意、创意草图、字体设计、辅助线……

4.1.2.4　根据页面色调构建提示词

不同色调给人的视觉感受是不一样的，所以我们可以在 AI 设计时通过调整色调方面的提示词来满足不同的设计需要。

1. 暖色调

暖色调通常与温暖、舒适、活力和亲切感等相关联，可以在视觉上营造出友好和热情的氛围，能够引起人们积极的情绪反应。暖色调包括红色、橙色和黄色等，这些色调运用在设计中能够调动人们的情绪、激活空间和吸引人们的注意力。

在设计与装饰中，暖色调设计适用于以下几个方面：

（1）家居和室内设计。暖色调可以营造出舒适和温馨的氛围，尤其适合用在卧室、客厅和餐厅等家居空间中。在家具、墙壁和家居饰品等物品的设计上采用暖色调，可以让空间显得更加温暖和宜居。

（2）餐饮和零售业。暖色调可以营造出活跃和愉悦的氛围，特别适合餐厅、咖啡馆和零售店等消费场所。暖色调的商业空间能够激发消费者的购物欲望，提高他们的舒适度和消费意愿。

（3）品牌和包装设计。暖色调的标识和包装设计能够吸引顾客的注意力，传递出品牌的热情和活力。暖色调尤其适合用在食品、饮料和家居用品等消费品的设计上，以表现产品的温馨、舒适和实用等特点。

（4）网络应用和视觉设计。暖色调的网站和移动应用等有助于打造友好和积极的用户体验。暖色调的设计元素能够吸引用户关注和参与，增强信息的传播效果和互动性。

你可以将暖色调作为提示词，用 AI 生成一个网站或者设计一款产品，然后在 AI 中调试提示词中的色调词，生成不同结果后感觉一下色调变化给设计带来的影响。

提示词：一个设计公司的网站，采用暖色调渐变

/imagine prompt : a design agency website with warm color gradient --v 5

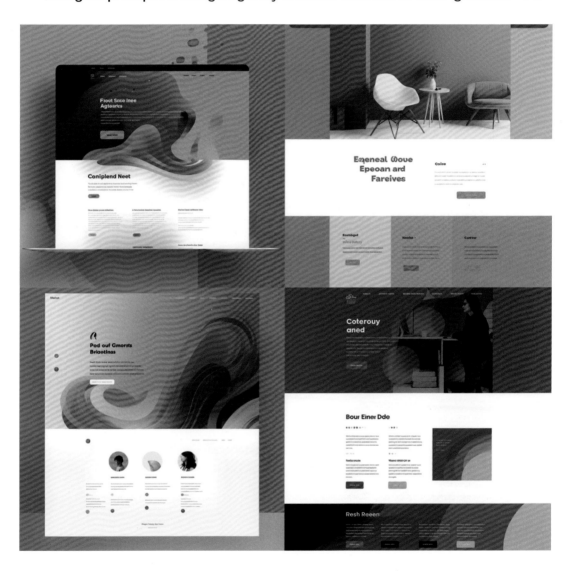

2. 冷色调

冷色调通常与宁静、清新、稳重和专业性等相关联，在视觉上具有平和、放松和清爽的特点，可以为人们带来冷静和沉思的状态。冷色调包括蓝色、绿色和紫色等，这些色调运用在设计中可以减轻压力、提升专注力和增强信任感。

在设计与装饰中，冷色调设计适用于以下几个方面：

（1）办公和商务场所。冷色调在办公室、会议室等场所中能够营造出专业和清新的氛围。在办公场景、设施和装饰元素上采用冷色调设计，可以帮助员工保持专注，提高工作效率。

（2）医疗和健康设施。冷色调在医院、诊所和健身房等场所中能够带来安静和清洁的感觉，有助于营造令人舒适的环境，减轻患者和顾客的焦虑感，增强信任感和安全感。

（3）品牌和包装设计。冷色调的标识和包装设计能够表现出品牌的品质和特点。冷色调尤其适合用在科技、金融和医疗等行业产品与服务的设计上，以强调品牌的高质量、可靠性和创新性。

（4）网络应用和视觉设计。冷色调的网站、移动端应用等有助于打造清晰和专业的用户体验。冷色调的设计元素有助于提高信息的可读性和可理解度，增强用户的信任感和满意度。

提示词：一个设计公司的网站，采用冷色调渐变

/imagine prompt：a design agency website with cold color gradient --v 5

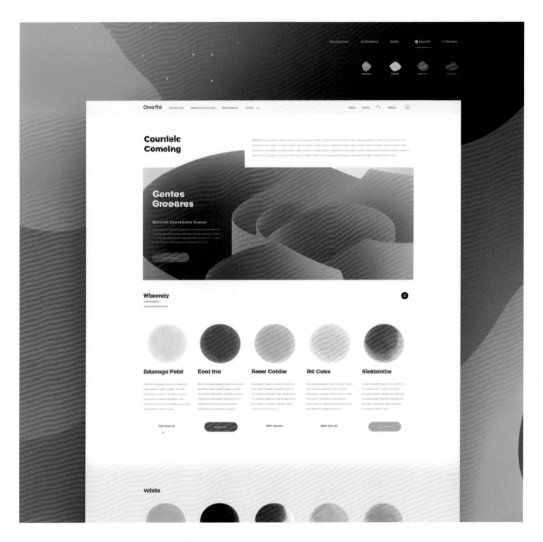

如果你有非常明确的页面设计需求，比如需要体现稳重和专业，就可以加入冷色调提示词，就可以让 AI 快速生成大量趋近需求、可供参考的创意方案。

3. 中性色调

中性色调通常与平衡、稳定、沉稳和低调等相关联，在视觉上具有中和、调和且易于搭配的特点，可以为人们带来舒适和宁静的感觉。中性色调包括黑色、白色、灰色和米色等，它们具有增强视觉层次、强调其他色彩和凸显质感的作用。

　　在设计与装饰中，中性色调设计适用于以下几个方面：

　　（1）家居和室内设计。中性色调在住宅、公寓和酒店等场所中能营造出优雅和低调的氛围。在墙壁、家具和家居饰品等元素上采用中性色调，可以让空间显得更加舒适、宽敞和大气。

　　（2）办公和商务场所。中性色调在办公室、会议室等场所中能带来稳重和专业的感觉，有助于营造工作的氛围，同时也能缓解员工的视觉疲劳。

　　（3）品牌和包装设计。中性色调的标识和包装设计能够传递出品牌的气质和质量。中性色调尤其适合用在奢侈品、汽车和电子产品等高端产品上，以突出其精致、简约和时尚的特点。

　　（4）网络应用和视觉设计。中性色调的网站、移动应用等有助于体现清晰和高品质的页面特征。中性色调的设计元素能够凸显内容的重要性，提高信息的可读性。

　　总之，中性色调的设计感具有广泛的适用性，能够在各种产品和场景中营造出稳重、舒适和高品质的效果。在运用中性色调时，可以根据需要搭配其他明亮或鲜艳的色彩，以实现更丰富和有趣的视觉表现。同时，注意保持色彩的平衡和谐，避免形成过于单调乏味的视觉感受。

提示词：一个设计公司的网站，采用中性色调渐变

/imagine prompt：a design agency website with neutral color gradient --v 5

4. 深色调

深色调通常与奢华、神秘、优雅和力量等相关联，在视觉上给人引人入胜、表达强烈和沉稳内敛的特点，可以为人们带来高雅和独特的感受。深色系包括深蓝、深绿、深紫、深红等，这些色调运用在设计中可以凸显重要元素、增强视觉层次感和表现力。

　　在设计与装饰中，深色调设计适用于以下几个方面：

　　（1）家居和室内设计。深色调在住宅、公寓和酒店等场所中能营造出奢华和神秘的氛围。在墙壁、家具和家居饰品等设计中采用深色调，可以让空间显得更加高雅、奢华和富有个性。

　　（2）高端商务场所。深色调在商务会所、餐饮机构等场所中能给人带来高品质和沉稳的感觉，有助于营造舒适感，展现商家的独特气质和品位。

　　（3）品牌和包装设计。深色调的标识和包装设计能够展现品牌奢华、神秘和优雅的形象。深色调尤其适合用在奢侈品、珠宝、化妆品和高端酒类等品牌的包装设计上，以突出其高质量、独特性和艺术感。

（4）网络应用和视觉设计。深色调的网站、移动端应用等，有助于打造沉稳和高品质的用户体验。另外，深色调的设计元素能够突显信息的重要性，增强视觉吸引力和内容表现力。

总之，深色调的设计具有广泛的适用性，能够在各种产品和场景中营造出奢华、神秘和优雅的氛围。在使用深色调时，可以根据需要搭配其他浅色或中性色彩，以实现更丰富和有层次的视觉表达效果，同时也可以保持色彩平衡，避免过于沉重或压抑。

如果你需要设计 App 的深色模式，不妨让 AI 提前帮你构思几个方向。

提示词： 主基调为蓝色的深色主题的移动端设计

/imagine prompt：a dark theme color palette based off blue for mobile, UI, UX --v5

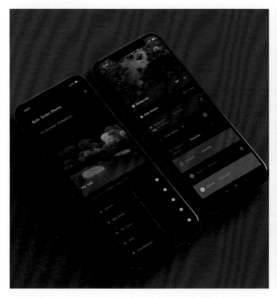

5. 高饱和度色调

高饱和度色调通常与活力、创意、激情和强烈的视觉冲击力等相关联，在视觉上具有鲜艳、明亮和引人注目的特点，可以为人们带来愉悦和兴奋的感受。高饱和度色调包括鲜红、亮黄、鲜绿等，这些色调应用在设计中可以激发情绪情感、吸引注意力和增强信息传递的效果。

在设计与装饰中，高饱和度色调设计适用于以下几个方面：

（1）广告和宣传设计。高饱和度色调在海报、横幅和广告等宣传材料中能够吸引注意力，有助于突出重要信息和视觉元素，增强信息传递的效果，使品牌和产品更加引人注目。

（2）娱乐和休闲场所。高饱和度色调在游乐园、运动场馆等场所中能营造出活跃和欢快的氛围，有助于激发人们的积极情绪，提高场所的吸引力和趣味性。

（3）品牌和包装设计。高饱和度色调的标识和包装设计能够传递出品牌充满活力和创意的形象。高饱和度色调尤其适合用在儿童产品、运动用品和创意礼品等领域，以强调其鲜明、独特和充满活力的特点。

（4）网络应用和视觉设计。在网站、移动端应用和数字媒体中使用高饱和度色调，有助于打造充满活力和创意的用户体验。高饱和度色彩有助于突显关键信息和功能，提高用户的参与度和互动感。

总之，高饱和度色调的设计具有广泛的适用性，能够在各种产品和场景中营造出充满活力、创意和强烈的视觉冲击力的氛围。同时，适当运用高饱和度色彩可以增加设计的趣味性和表现力，为用户带来愉悦和兴奋的心情。不过，在运用高饱和度色彩时，需要注意与其他色彩的搭配和平衡，避免过于喧闹或刺眼。

所以，如果你的产品需要高饱和度场景，并且也有明确的主题，你就可以直接输入相关产品名称和提示词，让 AI 来帮你实现各种效果。

提示词：游戏 UI，大逃杀，用户界面，用户体验，抽象，高饱和度

/imagine prompt：game UI, Battle Royale, UI, UX/UE, abstract, high saturation --v5

以上主要讲的是如何根据色调构思提示词。在用 AI 设计时，我们可以通过设置色调提示词，快速确定想要的页面风格基调。当然，AI 生成的初步方案肯定还需要进行二次调整，但是我们不得不佩服 AI 的工作效率以及出图的效果，有时候真的可以媲美专业设计师。如果你是一个刚入行的设计师，之前练习某个技法可能需要几年时间，但是现在你只需要

掌握 AI 做设计的逻辑方法，你的设计能力可能就会赶上一个已经工作几年的资深设计师。

4.1.2.5　总结提示词公式

在了解了上述构建提示词的思路后，下面我们来总结一下 AI 设计的提示词万能公式。只要想用 AI 做设计，你就可以套用这个公式，或者根据需要进行更多探索，比如添加让你的设计更具特色和创造力的"魔法词"等。下面，我们结合应用案例来看具体如何使用这个公式。

比如，现在你需要设计一套类似阿里或腾讯等互联网大厂特定风格的 B 端界面图标。如果靠自己建模或者进行 3D 渲染，可能设计周期最快也要一周，慢则起码 10 天。但你如果掌握了使用 AI 做设计的方法，就可以高效快速地完成这项任务。

公式：transparent technology sense（透明科技感）+ 项目类型 + 画面氛围 + 设计风格

魔法词：transparent technology sense

辅助词：isometric view（等距视图），frosted glass（磨砂玻璃），cinematic lighting（电影光照，rendering（渲染），4K（高清），white background（白色背景），light blue（淡蓝色）

这样套用公式得到提示词给 AI，就能快速生成很多具有特定风格的、非常通透、非常有质感的 B 端界面图标（如下图所示）。

提示词：蓝色玻璃盒子中的数据库或存储器图标，风格类似于 zbush，曲面镜，获奖作品，游戏引擎，充满活力的形式，闪光核心，白色背景，分层构图

/imagine prompt：an icon for a database or storage facility in a blue glass box, in the style of zbrush, curved mirrors, award-winning, cryengine, vibrant forms, sparklecore, white background, layered composition --ar 136:135 --v 5

再比如，你接到一个网站设计任务，那么你同样可以结合前文所讲的套用这个公式：UI+ 项目类型，加上对应的描述性提示词，生成精细漂亮、颜色通透并且时尚的网站页面设计（如下图所示）。即使此时生成的图片不够清晰，无法直接使用，这也不影响你将此作为前期设计方案的方向。

公式：UI + 项目类型

魔法词：UI

辅助词：UX（用户体验），UI（用户界面），design system（设计体系），beautiful website（漂亮的网页），user interface components（用户界面组件），light theme（浅色主题），flat design（扁平设计），beautiful color（漂亮的配色），8K quality（8K 高清），IIVA --v 5

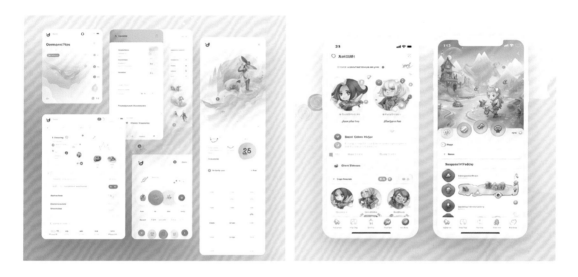

同样地，再用万能公式给大家示范一个 UI 页面设计，依旧套用公式来快速设计出效果图。

公式：UI design + 项目类型 + 场景描述 + 参考品牌

魔法词：UI design（UI 设计）

辅助词：mobile App（移动应用程序），iPhone（苹果手机），iOS（苹果操作系统），Apple Design Award（苹果设计大奖），screenshot（屏幕截图），single screen（单屏），high resolution（高分辨率），dribbble（dribbble 网站风格）

提示词:用于咖啡应用程序的 UI 设计,移动应用程序,iPhone,iOS,苹果设计奖,截图,单屏,高分辨率,dribbble 网站风格

/imagine prompt : UI design for coffee application, mobile App, iPhone, iOS, Apple Design Award, screenshot, single screen, high resolution, dribbble --v 5

按这个公式，把产品类型提示词从 coffee 换成 music，AI 则很快设计了一组音乐 App 界面。如果对颜色或质感不满意，还可以反复进行调整。

提示词：用于音乐应用程序的界面设计，移动应用程序，iPhone，iOS，苹果设计奖，截图，单屏，高分辨率，dribbble 网站风格

/imagine prompt：UI design for music application, mobile App, iPhone, iOS, Apple Design Award, screenshot, single screen, high resolution, dribbble --v 5

在下一节中，我将会围绕这个公式，和大家分享一下 AI 绘画在 Logo 设计、室内设计、摄影、头像设计、海报设计、家具场景以及包装设计等应用领域的探索案例，希望能为大家带来更多的灵感和思路。

4.2　Logo 设计

下面我们来聊聊设计师用 AI 制作 Logo 的优势。

首先，AI 在设计 Logo 时可以快速地生成大量的创意设计方案，这对于设计师来说非常有帮助。通常，设计师需要大量的手工草图和头脑风暴才能获得一个令人满意的设计，但是 AI 可以在短时间内生成数百个创意方案供设计师选择或参考，大大缩短了设计周期，节省了精力，提高了设计效率。

其次，AI 可以自动化处理一些烦琐的设计任务，例如图形编辑和颜色调整。这意味着设计师可以更专注于创意和策略，而不必花费过多时间在烦琐、复杂的技术细节上。

另外，AI 也可以为设计师提供更多的灵感和创意，因为它可以分析大量的设计数据和趋

势，以及通过机器学习和数据挖掘生成新的设计元素和构图灵感。

最后，用 AI 进行 Logo 设计还可以提高设计的准确性和一致性。AI 可以自动进行校准和对齐，确保所有设计元素都按照规定的标准排列，减少人工设计中的错误和不一致性。

总之，AI 在 Logo 设计方面的应用可以大大提高设计师的效率和创造力，同时也可以确保设计中细节的准确性和一致性。

在 Logo 设计中，主要有以下几种适合用 AI 来设计的类型：

（1）字母标志 Logo。仅使用文字或字母来表达品牌形象和价值。它通常是公司名称的第一个字母或公司缩写，以某种方式进行风格化，以创造独特的外观和感觉。

（2）吉祥物类型 Logo。使用图形或图案来表达品牌形象和价值。以卡通人物或动物为特色的徽标类型。吉祥物使品牌更具亲和力和感触性，可以帮助营造品牌与受众之间的强大联系。

（3）徽标类型 Logo。使用符号或纹章作为设计的主要部分，通常会嵌入一些文本。整体使用简单的图形和文字来表达品牌形象和价值。通常被用于汽车、教育、政府和军事等领域的 Logo，因为徽标能传达遗产、传统和权威的感觉。

4.2.1　套用万能公式

下面我们将讲解如何套用万能公式，并给大家示范一下如何用 ChatGPT 快速写 Logo 设计的提示词。

万能公式：

设计一款［风格］的标志，以［颜色］为［特色］，设定［背景］，以及［额外的设计元素］。Design of [style] Logo featuring a [symbol] in [color] on a [background] background, Include [additional element] as an additional design element

---

［ ］括号内的是你想要的提示词类型

style：想要设计的风格

symbol：想要的主要符号

color：这个符号想用什么颜色

background：背景颜色

additional element：还需要的附加条件

可以自己手动替换［ ］内的词，然后用 ChatGPT 帮我们填词，分两次输入到 ChatGPT 里面进行生成。

请创建一个表格，将句子中[ ]内的词提取出来，其中每个词都是一列：
Design of [style] logo featuring a [symbol] in [color] on a [background] background,
Include [additional element] as an additional design element --v 5
Fill the table with 10 rows of data

Style	Symbol	Color	Background	Additional Element
Modern	Star	Red	White	None
Minimalist	Circle	Black	Grey	Text
Vintage	Crown	Gold	Beige	Illustration
Art Deco	Triangle	Green	Black	Lines
Retro	Flower	Pink	Yellow	Shapes
Geometric	Square	Blue	White	Pattern
Hand-drawn	Heart	Purple	Brown	Sketch
Abstract	Wave	Orange	Black	Texture
Gothic	Skull	Silver	Dark Grey	Ornament
Nature-inspired	Leaf	Green	Wood	Gradient

请将每一行对应的词替换到句子中[ ]内
Design of [style] logo featuring a [symbol] in [color] on a [background] background,
Include [additional element] as an additional design element
在每个句子后面加上 "4K --v 5"

Design of Modern logo featuring a Star in Red on a White background, Include None as an additional design element. 4K --v 5

Design of Minimalist logo featuring a Circle in Black on a Grey background, Include Text as an additional design element. 4K --v 5

Design of Vintage logo featuring a Crown in Gold on a Beige background, Include Illustration as an additional design element. 4K --v 5

Design of Art Deco logo featuring a Triangle in Green on a Black background, Include Lines as an additional design element. 4K --v 5

Design of Retro logo featuring a Flower in Pink on a Yellow background, Include Shapes as an additional design element. 4K --v 5

Design of Geometric logo featuring a Square in Blue on a White background, Include Pattern as an additional design element. 4K --v 5

Design of Hand-drawn logo featuring a Heart in Purple on a Brown background, Include Sketch as an additional design element. 4K --v 5

Design of Abstract logo featuring a Wave in Orange on a Black background, Include Texture as an additional design element. 4K --v 5

提示词：设计现代风格的标志，使用红色星形图案，放在白色背景中，无其他附加设计元素

/imagine prompt:Design of modern Logo featuring a star in red on a white background，include none as an additional design element. 4K --v 5

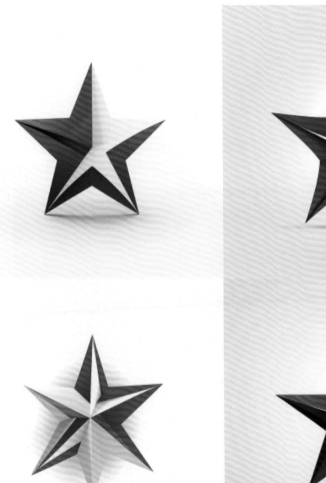
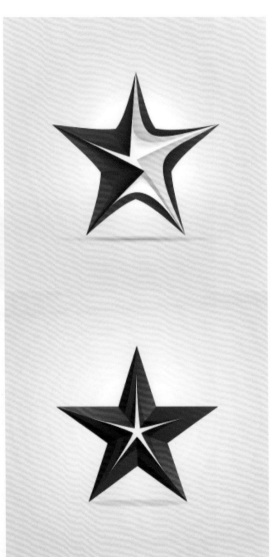

提示词：设计极简主义风格的标志，使用黑色圆形图案，放在灰色背景中，另加入文字作为附加设计元素

/imagine prompt:Design of minimalist Logo featuring a circle in black on a grey background，include text as an additional design element. 4K --v 5

提示词：设计复古风格的标志，使用金色皇冠图案，放在米色背景中，另加入插图作为附加设计元素

/imagine prompt:Design of vintage Logo featuring a crown in gold on a beige background，include illustration as an additional design element. 4K --v 5

提示词：设计装饰艺术风格的标志，使用绿色三角形图案，放在黑色背景中，另加入线条作为附加设计元素

/imagine prompt:Design of art deco Logo featuring a triangle in green on a black background，include lines as an additional design element. 4K --v 5

提示词：设计复古风格的标志，使用粉色花朵图案，放在黄色背景中，另加入形状作为附加设计元素

/imagine prompt:Design of retro Logo featuring a flower in pink on a yellow background，include shapes as an additional design element. 4K --v 5

提示词：设计几何风格的标志，使用蓝色正方形图案，放在白色背景中，另加入图案作为附加设计元素

/imagine prompt:Design of geometric style Logo featuring a square in blue on a white background，include pattern as an additional design element. 4K --v 5

提示词：设计手绘风格的标志，使用紫色心形图案，放在棕色背景中，另加入素描作为附加设计元素

/imagine prompt:Design of hand-drawn Logo featuring a heart in purple on a brown background，include sketch as an additional design element. 4K --v 5

提示词：设计抽象风格的标志，使用橙色波浪线图案，放在黑色背景中，另加入纹理作为附加设计元素

/imagine prompt:Design of abstract Logo featuring a wave in orange on a black background，include texture as an additional design element. 4K --v 5

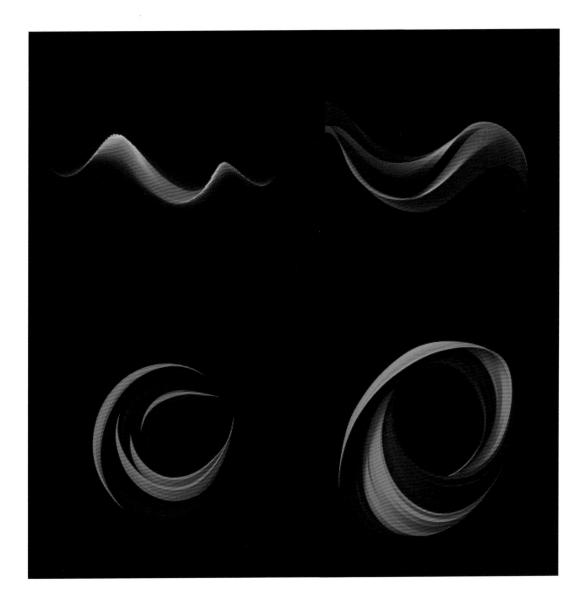

提示词：设计哥特风格的标志，使用银色骷髅图案，放在深灰色背景中，另加入装饰作为附加设计元素

/imagine prompt:Design of gothic Logo featuring a skull in silver on a dark grey background，include ornament as an additional design element. 4K --v 5

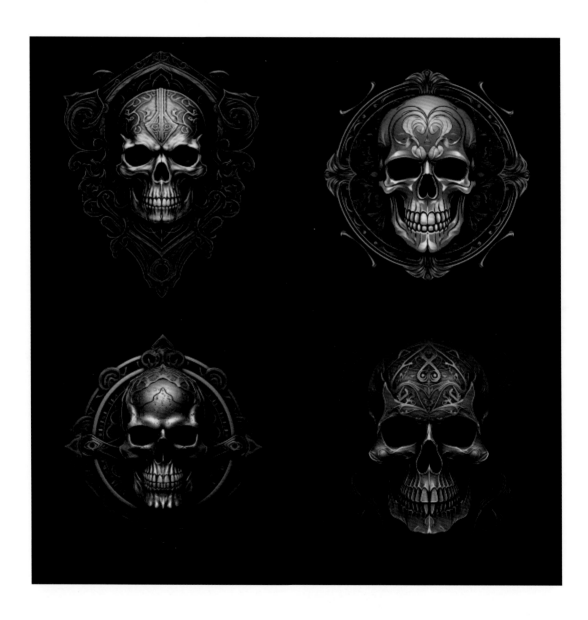

提示词：设计自然主义风格的标志，使用绿色叶子图案，放在木质背景中，另加入渐变作为附加设计元素

/imagine prompt:Design of nature-inspired Logo featuring a leaf in green on a wooden background，include gradient as an additional design element. 4K --v 5

得到初次生成的图片后进行选取，然后把单个图片进行二次创作，加上必需的文字，就是一个完整的 Logo 了。

说明：以上是用 ChatGPT 生成提示文字进行的随机填充，你也可以试着固定 [ ] 内某些词（比如在提示词中添加 " 你想要的词 "），来生成你想要的结果。

当然，如果不用公式，我们也可以像下面这样写：

提示词：极简优雅的标志，带有罗马怀斯的名字

/imagine prompt:Minimalist and elegant Logo with RomaWise name --v 5

提示词： 极简优雅的标志，带有罗马怀斯的名字

/imagine prompt:Minimalist and elegant Logo with RomaWise name --v 5

可以多刷新几次，挑选比较满意的图案进行二次创作（如加上自己的文字），这就是一个完整的 Logo 了。

4.2.2　引用艺术风格

不同的艺术风格可以营造不同的感觉，通过在提示词中加入一些艺术风格，就可以设计出某种特定氛围的 Logo。

比如，如果你需要你的品牌带有复古的外观和感觉，那么就可以使用类似"古老"和"复古"等提示词，或者也可以进一步指明一个具体的流派，比如迷幻艺术或波普艺术。

1. 迷幻艺术

迷幻艺术是一种以鲜艳的颜色、抽象和超现实的形象，以及梦境般的质感为特征的艺术风格。在设计作品中能起到迷幻和缥缈的艺术效果。

提示词：一个冰淇淋品牌的标志，简单，向量，迷幻艺术，不附加文字细节

/imagine prompt:a Logo for an ice cream brand，simple，vector，psychedelic art，no text realistic details --v 4

迷幻艺术风格是创作甜美风格设计、带有螺旋光色线条或其他有趣的"梦幻般"效果设计作品的绝佳选择。

2. 波普艺术

波普艺术（pop art，流行艺术）的特点在于使用来自大众文化的标志性图像。这种风格常被运用于广告、漫画和日常物品等的设计，通常采用大胆鲜艳的风格。波普艺术风格的设计会给人带来一定的怀旧感和吸引力，让人回想起那个时代（20 世纪 50 年代）。

提示词：冰淇淋品牌的标志，简洁，向量，波普艺术，不附加文字细节

/imagine prompt:a Logo for an ice cream brand，simple，vector，pop art，no text realistic details --v 4

结论：

使用 Midjourney 这样的 AI 工具可以有效地简化流程、提高设计效率，并帮助你快速生成大量创意。不过，我相信 AI 并不能完全取代 Logo 设计师的工作，而是会帮助设计师更快地生成更多的创意思路。而最后，你仍然需要**设计师的专业知识**来微调你的设计并将它们打磨出来。

　　无论你是经验丰富的设计老手还是刚刚入行的新手小白，掌握 AI 绘画工具并灵活应用，都能让其成为你设计工作中的得力助手。

4.3　室内设计

　　传统的室内设计方式通常需要设计师进行复杂的计算和精细的绘制，以确定房间的布局和家具的摆放位置。这需要花费设计师大量的时间和精力，并且存在出现误差的风险。此外，设计师需要综合考虑很多因素，如成本、颜色和材料，这可能导致一些设计决策很难达到最优化。

　　结合 AI 绘画进行室内设计则具有很多优势。首先，AI 可以根据客户提供的要求和限制条件自动创建多个设计方案，以供设计师更快地找到最佳方案。其次，利用 AI 绘画不仅可以提高设计的效率和准确性，还可以大大减少设计师的工作量，从而提高设计师的生产力和创造力。此外，客户可以更好地了解设计方案，并且更容易与设计师沟通和共享想法，以帮助他们更好地实现自己的愿望和需求。

　　可见，利用 AI 进行室内设计是一个非常有前景的领域，可以帮助设计师创造出更优质、更个性化和更符合客户需求的设计方案。

4.3.1　用 ChatGPT 加速设计方案落地

　　运用 AI 绘画技术，将室内设计拆解成以下这些维度，组成设计效果的各个方面：构图、拍摄角度、风格、房间类型、焦点、纹理、细节、调色板、品牌、照明、地点、时间、氛围、建筑风格……然后我们在 ChatGPT 中跑一下这些组合，看看最终的设计效果如何。

> **提示词 1 ：**
> 　　请创建一个表格，将室内建筑照片分解为以下关键元素，其中每个关键元素都是一列：构图、拍摄角度、风格、房间类型、焦点、纹理、细节、调色板、品牌、光线、中国城市、时间、氛围、建筑风格。填充表格
> **Prompts 1 :**
> 　　Please create a table that breaks down an interior architecture photograph composition into the following key elements, where each of these key elements is a column: composition, camera angle, style, room type, focal point, textures, detail, color palette, brand, lighting, location in China, time of the day, mood, architecture. Fill the table with 10 rows of data

提示词 2：

请将每一行都写成逗号分隔的句子，并在每个句子后面都加上"4K --ar 16:9 --v 5"

Prompts 2：

Please write each row as a comma-separated sentence. Append each sentence with ，4K --ar 16:9 --v 5

Please create a table that breaks down an interior architecture photograph composition into the following key elements, where each of these key elements is a column:
Composition, Camera Angle, Style, Room Type, Focal Point, Textures, Detail, Color Palette, Brand, Lighting, Location in China, Time of the Day, Mood, Architecture

Fill the table with 10 rows of data

Sure, here's a table that breaks down an interior architecture photograph composition into the requested key elements:

Composition	Camera Angle	Style	Room Type	Focal Point	Textures	Detail	Color Palette	Brand	Lighting	Location in China	Time of Day	Mood	Architecture
Minimalistic	Low Angle	Modern	Living Room	Fireplace	Wood, Concrete	Clean Lines, Simple Furnishings	Neutral, Earthy Tones	Muji	Natural Light, Soft Shadows	Beijing	Late Afternoon	Cozy, Relaxing	Contemporary
Balanced	Eye-Level	Contemporary	Kitchen	Island	Marble, Stainless Steel	Minimalistic, High-end Appliances	Black, White, Metal Accents	Siemens	Bright Overhead Lighting	Shanghai	Midday	Elegant, Sophisticated	Modern
Dramatic	High Angle	Art Deco	Dining Room	Chandelier	Velvet, Gold Accents	Intricate, Bold Furnishings	Dark Blue, Gold, Black	Louis Vuitton	Dimly Lit, Spotlights	Guangzhou	Evening	Luxurious, Opulent	Classical
Symmetrical	Eye-Level	Mid-Century Modern	Bedroom	Headboard	Teak Wood, Brass	Geometric Patterns, Vintage Decor	Pastels, Earth Tones	Hay	Soft, Warm Lighting	Chengdu	Morning	Calm, Serene	Retro
Rustic	Low Angle	Industrial	Bathroom	Clawfoot Tub	Exposed Brick, Rusty Metal	Vintage Fixtures, Weathered Wood	Earthy Tones, Whites	IKEA	Natural Light, Edison Bulbs	Shenzhen	Afternoon	Warm, Inviting	Industrial
Playful	Eye-Level	Scandinavian	Nursery	Accent Wall	Knit, Wood, Plush Toys	Whimsical Decor, Fun Patterns	Pastels, Bright Accents	IKEA	Soft, Warm Lighting	Hangzhou	Late Morning	Joyful, Childlike	Modern
Elegant	High Angle	Traditional	Foyer	Grand Staircase	Marble, Crystal Chandelier	Antique Furnishings, Ornate Molding	Cream, Gold, Rich Tones	Louis Vuitton	Bright, Warm Lighting	Xi'an	Afternoon	Regal, Timeless	Classical
Eclectic	Eye-Level	Bohemian	Home Office	Gallery Wall	Woven, Rattan, Plants	Mix-and-match Decor, Textured Surfaces	Muted Earth Tones, Bright Accents	Anthropologie	Natural Light, Table Lamps	Nanjing	Late Afternoon	Creative, Free-Spirited	Modern
Bold	Low Angle	Art Nouveau	Study	Stained Glass Window	Dark Wood, Brass	Intricate, Unique Furnishings	Deep Reds, Blues, Greens	Tiffany & Co.	Warm, Ambient Lighting	Wuhan	Evening	Mysterious, Artistic	Classical
Cozy	Eye-Level	Farmhouse	Family Room	Sectional Sofa	Linen, Knit, Distressed Wood	Rustic Decor, Natural Elements	Cream, Warm Tones	Pottery Barn	Soft, Warm Lighting	Harbin	Evening	Relaxed, Comforting	Classical

I hope you find this helpful!

Please write each row as a comma-separated sentence. Append each sentence with ，4k --ar 16:9 --v 5

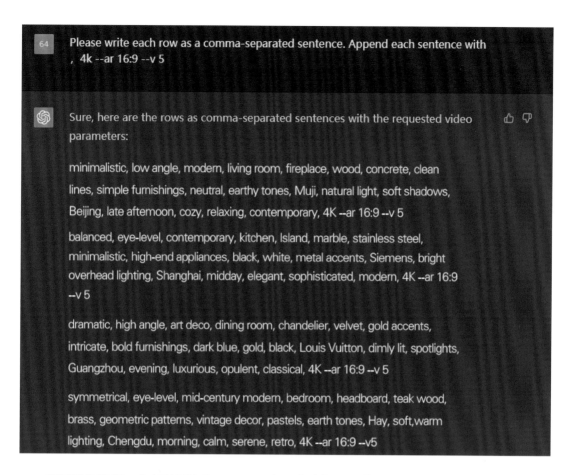

Please write each row as a comma-separated sentence. Append each sentence with
, 4k --ar 16:9 --v 5

Sure, here are the rows as comma-separated sentences with the requested video parameters:

minimalistic, low angle, modern, living room, fireplace, wood, concrete, clean lines, simple furnishings, neutral, earthy tones, Muji, natural light, soft shadows, Beijing, late afternoon, cozy, relaxing, contemporary, 4K --ar 16:9 --v 5

balanced, eye-level, contemporary, kitchen, Island, marble, stainless steel, minimalistic, high-end appliances, black, white, metal accents, Siemens, bright overhead lighting, Shanghai, midday, elegant, sophisticated, modern, 4K --ar 16:9 --v 5

dramatic, high angle, art deco, dining room, chandelier, velvet, gold accents, intricate, bold furnishings, dark blue, gold, black, Louis Vuitton, dimly lit, spotlights, Guangzhou, evening, luxurious, opulent, classical, 4K --ar 16:9 --v 5

symmetrical, eye-level, mid-century modern, bedroom, headboard, teak wood, brass, geometric patterns, vintage decor, pastels, earth tones, Hay, soft,warm lighting, Chengdu, morning, calm, serene, retro, 4K --ar 16:9 --v5

然后我们将每一条都放到 Midjourney 中，生成如下一些图片效果。

提示词：简约风格，低角度，现代，客厅，壁炉，木材，混凝土，简洁的线条，简单的家具，中性，大地色系，无印良品，自然光，柔和的阴影，北京，傍晚，舒适，轻松，当代，4K

/imagine prompt:minimalistic，low angle，modern，living room，fireplace，wood，concrete，clean lines，simple furnishings，neutral，earthy tones，MUJI，natural light，soft shadows，Beijing，late afternoon，cozy，relaxing，contemporary，4K --ar 16:9 --v 5

提示词：平衡，正视角，当代，厨房中岛台，大理石，不锈钢，简约，高端电器，黑色，白色，金属装饰，西门子，明亮的顶灯，上海，正午，优雅，精致，现代，4K

/imagine prompt:balanced，eye-level，contemporary，island kitchen，marble，stainless steel，minimalistic，high-end appliances，black，white，metal accents，Siemens，bright overhead lighting，Shanghai，midday，elegant，sophisticated，modern，4K --ar 16:9 --v 5

提示词：戏剧化，高角度，装饰艺术风格，餐厅，枝形吊灯，天鹅绒，金色装饰，复杂图案，轮廓明显的家具，深蓝色，金色，黑色，路易威登，昏暗的灯光，聚光灯，广州，傍晚，豪华，富丽堂皇的，古典，4K

/imagine prompt:dramatic, high angle, art deco, dining room, chandelier, velvet, gold accents, intricate, bold furnishings, dark blue, gold, black, Louis Vuitton, dimly lit, spotlights, Guangzhou, evening, luxurious, opulent, classical，4K --ar 16:9 --v 5

提示词：对称，正视角，中世纪现代风格，卧室，床头板，柚木，黄铜，几何图案，复古装饰，淡雅色调，大地色系，Hay，柔和，温暖的灯光，成都，早晨，平和，宁静，复古，4K

/imagine prompt:symmetrical，eye-level，mid-century modern，bedroom，headboard，teak，brass，geometric patterns，vintage decor，pastels，earthy tones，Hay，soft，warm lighting，Chengdu，morning，calm，serene，retro，4K --ar 16:9 --v 5

提示词：乡村风格，低角度，工业风格，浴室，浴缸，裸露的砖墙，生锈的金属，老式固定装置，磨损的木材，大地色系，白色，宜家，自然光，爱迪生灯泡，深圳，下午，温暖，诱人的，4K

/imagine prompt:rustic，low angle，industrial，bathroom，clawfoot tub，exposed brick，rusty metal，vintage fixtures，weathered wood，earthy tones，whites，IKEA，natural light，Edison bulbs，Shenzhen，afternoon，warm，inviting，4K --ar 16:9 --v 5

提示词：有趣的，正视角，斯堪的纳维亚风格，儿童房，装饰墙，编织，木质，毛绒玩具，奇特的装饰，趣味图案，淡雅色调，鲜艳的装饰，宜家，柔和，温暖的灯光，杭州，上午晚些时候，令人愉悦的，孩子气，现代，4K

/imagine prompt:playful，eye-level，Scandinavian，nursery，accent wall，knit，wood，plush toys，whimsical decor，fun patterns，pastels，bright accents，IKEA，soft，warm lighting，Hangzhou，late morning，joyful，childlike，modern，4K --ar 16:9 --v 5

提示词：优雅，高角度，传统，门厅，大楼梯，大理石，枝形吊灯，古董家具，华丽的造型，奶油色，金色，丰富的色调，路易威登，明亮，温暖的灯光，西安，下午，豪华，永恒，古典，4K

/imagine prompt:elegant，high angle，traditional，foyer，grand staircase，marble，crystal chandelier，antique furnishings，ornate molding，cream，gold，rich tones，Louis Vuitton，bright，warm lighting，Xi'an，afternoon，regal，timeless，classical，4K --ar 16:9 --v 5

提示词：不拘一格的，正视角，波希米亚风格，家庭办公室，画廊墙，编织，藤条，植物，混搭装饰，纹理表面，柔和的大地色，明亮重点，"人类学"品牌，自然光，台灯，南京，傍晚，创造性的，自由，现代，4K

/imagine prompt:eclectic，eye-level，Bohemian，home office，gallery wall，woven，rattan，plants，mix-and-match decor，textured surfaces，muted earth tones，bright accents，Anthropologie，natural light，table lamps，Nanjing，late afternoon，creative，free-spirited，modern，4K --ar 16:9 --v 5

提示词: 对比明显的，低角度，新艺术主义，书房，彩色玻璃窗，深色木材，黄铜，复杂，独特的家具，深红色，蓝色，绿色，蒂芙尼，温暖，环境光，武汉，夜晚，神秘，艺术，古典，4K

/imagine prompt:bold, low angle, art nouveau, study, stained glass window, dark wood, brass, intricate, unique furnishings, deep red, blue, green, Tiffany & Co., warm, ambient lighting, Wuhan, evening, mysterious, artistic, classical, 4K --ar 16:9 --v 5

提示词：舒适，正视角，农舍，家庭房，组合沙发，亚麻，针织，仿旧木材，乡村风格装饰，自然元素，奶油色，暖色调，Pottery Barn，柔和，暖光，哈尔滨，晚上，放松，舒适，古典，4K

/imagine prompt:cozy，eye-level，farmhouse，family room，combination sofa，linen，knit，distressed wood，rustic decor，natural elements，cream，warm tones，Pottery Barn，soft，warm lighting，Harbin，evening，relaxing，comforting，classical，4K --ar 16:9 --v 5

以上这些图片看起来是不是都还不错？大家可以按照这样分解元素的方式去组合提示词，也可以按照自己的思路去设计，或者固定某个元素等。

4.3.2 用 Vega AI 渲染线稿生成设计

通过网站 Vega AI 创作平台 的"条件生图"功能，用线稿图生成效果图。

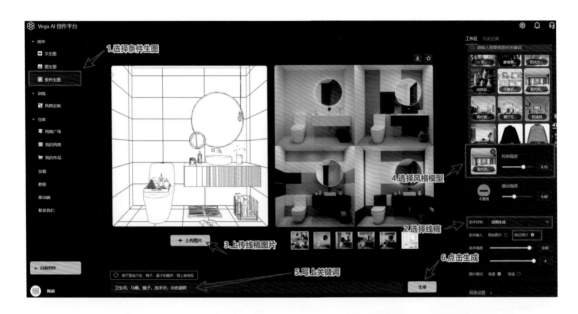

下面就是线稿生成的效果图，整体看起来设计图中的布局结构是不变的。

而我们只需要一张快速手绘的线稿，就能迅速渲染上色，加快设计方案的成型。
比如生成如下的几组客厅设计的效果图只需几分钟，大大提高了设计效率。

4.4 AI 摄影

通过描述提示词（比如器材、灯光、拍摄角度、构图、位置等），用 AI 生成一张非常有质感的图片，使人做到足不出户，就能"拍摄"和获取专业的图片。

1. AI 绘画在摄影方面的优势

（1）不受限于客观主体、摄影器材和场景等。AI 绘画不受客观条件和设备等的限制，能根据设计需要自由控制和调整，可以创造出全新的视觉效果和个性化的意象，使作品更加丰富多样，更好地满足个性化的设计需求。

（2）可以实现对主体的抽象化和概念化，丰富作品内涵和意境。与传统摄影相比，AI 绘画可以更深入地探索图像的内在表达，让作品更具艺术性和思想性。

（3）可以降低成本，提高拍摄效率。AI 绘画可以模拟不同场景和构建虚拟世界，省去了构建场景的成本和时间，并且可以让拍摄者提前感受拍摄效果，从而更好地规划拍摄方案。

（4）不受空间地点的影响，直接生成图片。与传统摄影相比，AI 绘画不必挑选摄影地点和时机，能够随时随地帮助创作者生成符合要求的图片。

2. AI 绘画在摄影方面的弊端

AI 无法完全替代具有专业技能和艺术感的人类摄影师。AI 绘画虽然能够自动化处理照片，但是在照片构图、角度选择、人物情感把握等方面难以与人类摄影师相比。人类摄影师凭借多年的经验和敏锐的艺术感，能够通过调整灯光、拍摄角度和构图等来创造出生动和精彩的摄影作品，而 AI 绘画目前还无法完全具备这些专业技能和艺术感，需要人类摄影师来指导和辅助。

3. AI 绘画在摄影方面的应用

广告拍摄

AI 绘画在广告拍摄上应用还是挺广泛的，可以"拍摄"食物，可以"拍摄"产品概念图，然后加上文字进行二次创作。

提示词: 漂浮的 5 颗草莓，1 滴水，黑色背景，清晰的细节，佳能 35mm 镜头，逼真的，照片，4K

/imagine prompt:5 floating strawberries，a drop of water，against a black background，clear detail，Canon 35mm shot，photorealistic，photograph，4K --s 300 --v 5

旅拍

AI 绘画还可以用来制作旅拍图片、宣传照等。

提示词：拍摄飞机外面的云，机翼

/imagine prompt:take pictures of the clouds outside the plane，the wings --v 5

提示词：米其林餐厅，桌上的美食，丰盛的午餐

/imagine prompt: Michelin restaurant，good food on the table，good lunch --v 5

提示词：普罗旺斯，徕卡相机摄影，广角镜头，薰衣草田，蓝天，白云，4K

/imagine prompt: Provence，lycra camera photography，wide angle lens，lavender fields，blue sky，white clouds，4K --v 5

提示词：高档酒店客房，特大床，书桌，笔记本电脑，旅行包，4K

/imagine prompt:upscale hotel room，king-size bed，desk，laptop，travel bag，4K --v 5

你可以挑选合适的图片来细化，最后生成单张图片，并配上文案。这样你就能足不出户便得到旅拍美照了。

4.5 头像设计

随着互联网技术和社交媒体的普及，选择个性、好看、有内涵的头像成了许多用户在使用账号时要考虑的。在此背景下，头像设计也成了广大设计师、插画师的新兴业务点。目前设计头像的需求还是不少的，毕竟是个性定制又新鲜有趣，在客单价合适的情况下，客户是愿意为创作买单的。

案例：

有一位宝妈，平时就爱自己给宝贝拍照。了解 AI 绘画后，自己尝试了一下 Midjourney，

效果很好，自己很满意。于是就琢磨能不能通过这个方式做设计来赚点钱，补贴家用。于是她用快团团发起了团购拼团，没想到仅两天时间就有一千多人拼团定制，关键还没什么成本（只花费自己的人力和时间成本）。因为在具体操作上，只需要套用"提示词 + 垫图"模板，就能直接生成满足所需风格要求的图片。

我们可以算一下这位宝妈用 AI 设计头像的收入：9.9 元 × 1500 人 =14850 元，这样简单的操作直接就给她带来了一笔五位数的收入。

对于大多数人来说，使用 Midjourney 来创作自己的肖像或头像是不可行的，除非你是个名人，在网上有你的大量图片。但是，我们普通人可以借助 InsightFaceSwap 这个插件，来实现这个想法。

使用 Midjourney+InsightFaceSwap 插件来完成肖像或头像设计的具体步骤如下。

1. Midjourney 垫图生成部分

（1）垫图（最多可以垫 5 张图）。

（2）右键点击图片，选择复制链接。

（3）在输入框中输入"/imagine prompt+ 链接 + 描述语"，将你想生成的头像的画面用英文描述下来（不写描述语的话，Midjourney 就会给你天马行空地画了）。比如"宝宝，短头发，笑，皮克斯，卡通（babies，short hair，smile，Pixar，cartoon）"。

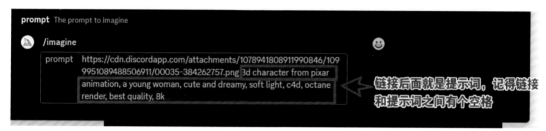

将 "3D character from Pixar animation, a young woman, cute and dreamy, soft light, c4d, octane render, best quality, 8K" 这些提示词加到头像链接后面，生成的图都不会太难看（woman 可以根据需要换成 man）。

（4）iw 数值：基本描述语句后边可以添加指令 iw，格式是：--iw 2，取值范围是 0.5~2，数值越大，生成的图和原图越接近。

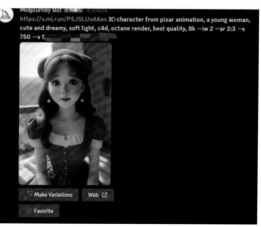

到此我们完成第一步，开始第二步。

2. 利用 InsightFaceSwap 换脸

（1）邀请 InsightFaceSwap 机器人到你的 Discord 聊天室里（就像添加 Midjourney Bot 到你的服务器中一样的方式），完成这一步后，你会在聊天室右侧看到下图这样的列表。

（2）输入斜杠命令 /saveid mnls ＜上传照片＞（这里 mnls 是注册 ID，可以设置成任意 8 位以内的英文字符和数字。 保存成功后，新建立的 ID 会被自动当作默认 ID（可以通过 /setid idname(s) 命令来手动指定默认 ID）。

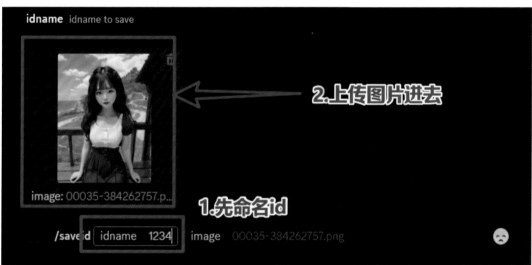

上传图片后，按下回车键，出现下图这样的页面就表示命名成功了。

（3）换脸。其原理就是把我们上传图片的脸换到我们用 Midjourney 所生成图片中脸的位置。

以上就是使用 Midjourney+InsightFaceSwap 插件生成肖像画的所有步骤。

注意事项：

（1）可以使用 /listid 来列出目前注册的所有 ID（总数不能超过 10 个）。也可以用 /delid 和 /delall 命令来删除 ID。

（2）注册 ID 只能用英文和数字，并且不超过 8 个字符。

（3）你可以输入多个 IDname 并用逗号分隔开，以实现多人换脸的效果。例如 /setid me，you，him，her。

（4）可以重新上传新的图片，仍用相同的 ID 名字，以此来覆盖旧 ID 的图片特征。

（5）上传的照片尽量保证：

- 清晰
- 正脸
- 无遮挡

（6）不推荐上传：

- 戴眼镜的照片
- 由于过度美颜而失去面部纹理的照片

（7）为了避免自动化脚本，每个 Discord 账号每天可以执行 50 次命令。

（8）不能保证每次生成的效果都很好。

（9）请仅用于个人用途。

4.6　海报设计

利用 AI 绘画制作海报的优势有很多。

首先，使用 AI 绘画可以大大降低制作海报的人力成本。单人制作一张海报可能需要半天时间，而 AI 能在几分钟内生成多张样图。

其次，AI 绘画可以提供丰富多样的设计风格。AI 绘画技术可以模仿各种绘画类型风格（包括素描、水彩、油画等）供你选择。同时，AI 绘画还可以根据你的需要调整颜色、线条等细节，从而满足你的个性化需求。

最后，AI 绘画可以快速实现创意。使用 AI 绘画，你可以很快地将你的想法变成现实，画面也很优质，大大提高了设计效率。

综上所述，用 AI 绘画制作海报是一个不错的选择。它不仅可以节省设计的人力和时间成本，使设计师快速实现创意，还可以提供丰富的绘画风格，提供多样选择。

当然了，AI 生成的图并不是很完美，所以需要设计师进行二次加工，之后再进行文字排版设计等。下面给大家展示一下用 AI 设计海报的实际操作流程。

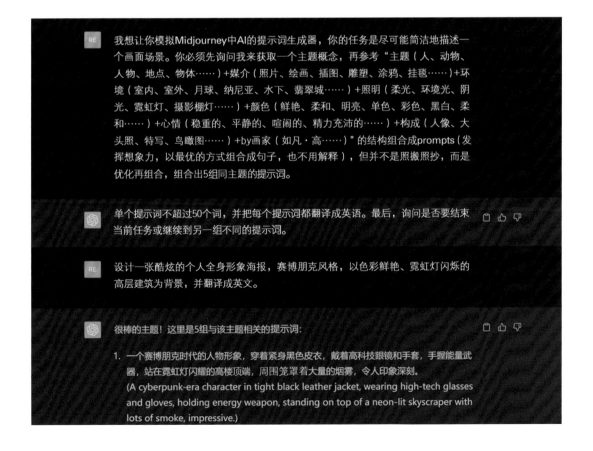

2. 一个戴着头盔的飞行员，穿着装甲制服，手持螺旋桨飞行器，在一个狂热的城市上空翱翔。周围是高楼大厦，灯火通明，有一种不可阻挡的势头。

(A helmeted pilot in armored flight suit, holding propeller aircraft, soaring above a frenzied city. Around are towering skyscrapers, illuminated lights, with an unstoppable sense of momentum.)

3. 一个身穿绿色全息花纹外套的女孩，手里拿着一把能发出闪电的电子吉他，站在一条漆黑的街道上。她背后是一座巨大的金属塔，被夜空中的霓虹灯映照着。

(A girl in green holographic patterned coat, holding an electronic guitar that can shoot lightning, standing on a pitch-black street. Behind is a huge metal tower, illuminated by neon lights in the night sky.)

4. 一只机械化的黑豹，身上闪烁着紫色的霓虹灯，正在迅速地奔跑，脚下是被雷电贯穿的公路，周围是钢铁巨塔和超级高速公路。

(A mechanized black panther, shimmering with purple neon lights, running swiftly, with lightning-struck highways beneath its feet. Around are steel towers and superhighways.)

5. 一个身着白色机甲外壳的战士，拿着一把巨大的火焰喷射器，燃烧着一个废弃工厂的角落。工厂的外墙被彩色的霓虹灯笼罩着，令人联想到被遗忘的城市废墟。

(A warrior in white mecha armor, holding a huge flamethrower, burning a corner of an abandoned factory. The factory's exterior is surrounded by colorful neon lights, reminiscent of a forgotten city ruins.)

您觉得如何？您需要更多的提示词吗？

挑选自己喜欢的图片（在生成的组图中选出你想要的图，点击一下它）。

比如我选了下面这张图。

接下来打开任何你习惯使用的平面软件（如美图秀秀），添加需要的文字，然后保存图片就可以了。这样哪怕不懂专业设计也能很轻松地制作出来一张效果还算不错的海报。

当然，上面整个流程适用于普通人平时个人简单的设计需求，而如果是在商业项目里面的海报设计，设计流程就没这么简单了。在这里，我简单梳理了一下用 AI 绘画进行商业项目海报设计的流程。目前在国内很多互联网公司都在使用这个流程，大家也可以基于这个设计流程再深入研究。

了解互联网设计的同学都知道，平时我们做一项设计或者设计一张海报，大概需要四步："第一步是做设计情绪板，确定提示词和设计方向；第二步是缩小设计范围，进行设计初稿；第三步是确定风格，进行详细设计；第四步是整理并输出设计方案。"整个流程最少也需要三四天。

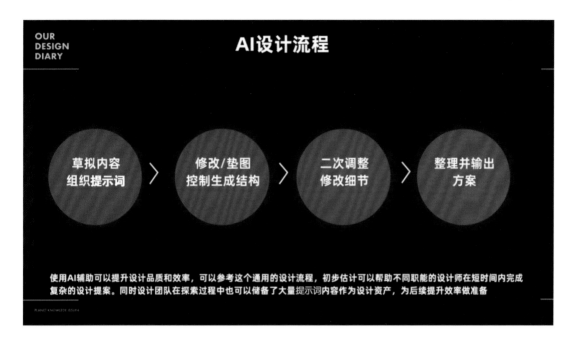

但是使用 AI 辅助后，设计流程能加快两到三天。AI 设计流程如下：第一步是草拟内容，组织提示词；第二步是修改 / 垫图，控制生成结构；第三步是二次调整和修改细节；第四步是整理并输出方案。下面我们用一个商业案例带大家完整走一遍这个流程。

比如，我需要设计一幅潮玩盲盒的宣传海报，第一步根据前文讲到的提示词公式产出描述提示词如下。

提示词：超级可爱的 Chibi 女孩，泡泡玛特风格，运动帽衫，宽松的裤子，荷叶，小雨，池塘，淡雅色彩，实体模型，盲盒玩具，精细的光泽，简洁背景，3D 渲染，OC 渲染，最佳质量，4K，超无瑕

/imagine prompt:super cute Chibi girl，POP MART, sports hoodie, baggy pants, lotus leaves, light rain, pond, pastel color, mockup, blind box toy, fine luster, clean background, 3D render, OC render, best quality，4K, ultra detoiled --niji 5 --style expressive

得到满意的效果图后，再到平面设计软件里进行二次调整，调整色彩和细节、加上主题文字和产品需求等。比如这是一个春天主题的产品，所以画面整体色调采用象征春天的绿色，以突出主题。

字体的选用上，因为主体画面比较潮流、呆萌，所以选择一些手写体或比较活泼欢快的字体。这样完成二次调整后，一幅海报就设计完成了。

当然在实际工作中，大家还要在前期多和业务方对接，不断优化调整 AI 的设计流程，真正让 AI 成为你做设计工作快人一步的利器。

4.7 模特换装

AI 绘画技术可以通过 Stable Diffusion、Midjourney 等工具软件帮助商家制作模特图和产品图，只需输入文字、条件等信息就可以直接创作图片，而不需要真人模特或者真实拍摄场景。这项技术不仅可以快速生成图片，免去了大量拍摄的耗时与烦琐，而且随着技术的发展，AI 绘画作品的质量也越来越高，有时候甚至根本分辨不出是 AI 绘画还是人工绘制。商家使用 AI 绘画技术可以完全实现简单模特图和产品图的制作，例如大面积纯色块的衣服或者形状规则的产品包装。商家可以为同一个模特"穿"上不同的服装，"拍摄"不同的场景图。虽然现在的 AI 绘画技术已经可以进行简单的图像制作，可以用于展示商业应用效果，节省拍摄成本，扩展适用场景。在商业应用中，除去可以为模特"穿上客户要求的衣服"，也可以为模特更换特定的衣服，做到同一个模特，应用于更多的场景。

不过，虽然现在的 AI 绘画可以胜任简单的模特图 / 产品图，但是对于复杂的图像制作，AI 绘画在实际商用效果、成本、适用场景等方面，依然存在着不小的上升空间。

1. AI 绘画在电商模特图领域的优势

首先，它的成本比传统电商摄影低，因为只需要投入 AI 绘画操作者的时间成本和计算机软件和设备成本。这使得 AI 绘画在少量产品拍摄时更有优势，而且软件与设备的一次性投入可以带来长期受益。随着 AI 绘画技术的不断发展，未来其成本还将进一步降低，甚至可以在大规模批量摄影中与传统电商摄影相竞争。

其次，AI 绘画不受时间、空间场景的限制，可以根据客户指定的场景需求进行制图，不需要考虑拍摄场地和准备拍摄环境等流程，节省拍摄时间和成本。

最后，AI 绘画可以快速满足个性化、定制化需求。它可以快速改换模特和产品，生成符合产品特色的模特图 / 产品图，满足客户对于产品模特的个性化需求，也可以保持其品牌或店铺模特风格的统一性。

2. AI 绘画在电商模特图领域的弊端

AI 绘画技术商业化的两大制约因素是稳定性（生成对应的模特和服装）和细节准确性（对服装细节的把控，比如衣领、扣子等细节）。AI 模特技术的这两大制约因素，也造成了 AI 绘画在制作电商模特图方面的两个弊端：

（1）由于目前 AI 技术达不到生成复杂款式模特服装的程度，所以只能应用于一些简单款式的纯色产品，不能满足较高要求的拍摄，特别是对于带有繁杂花纹的产品。这也就意味着，AI 绘画需要后期处理技术来保证其生成图中产品与实物完全一致。而传统电商摄影却不需要这样的处理，能够保证照片即实物。

（2）使用 AI 技术进行 AI 模特图 / 产品图创作一般需要测试、训练多次才能达到满意的效果，而且受限于机器性能和模型训练时间，效率相对较低。这也就导致了 AI 绘画制作模特图 / 产品图的成品率相对较低，适合个性化定制的产品，但不适合大规模生产。相比之下，传统摄影的成本更低、时间更短，在大批量摄影中就更为划算，能够更快速地完成上百款大规模产品的拍摄。

3. 应用：AI 绘画 + 电商模特图

这里给大家介绍 Midjourney 软件的"以图生图"功能，适用于生成纯色简单款衣服（如卫衣、T 恤、衬衫），不适用于复杂花色、花纹类衣服的模特图。具体操作步骤如下。

（1）写一个符合你要求的图片描述，例如"一张亚洲女模特的全身照片，穿着舒适的运动衫，站在白色背景板前。这是一张人像照片，采用低角度拍摄，使用佳能 EOS R5 相机和标准镜头，拍摄整套服装，模特身高 165 厘米"。

（2）将这句话放入 ChatGPT 或者其他翻译软件中，翻译成适合 AI 绘画的提示词。

提示词：一张亚洲女模特的全身照片，穿着舒适的运动衫，站在白色背景板前。这是一张人像照片，采用低角度拍摄，使用佳能 EOS R5 相机和标准镜头，拍摄模特整套服装，模特身高 165 厘米。

/imagine prompt:A full body photo of a beautiful Asian model wearing a comfortable sweatshirt and standing in front of a white background board. This is a portrait shot, taken from a low angle, using a Canon EOS R5 camera and a standard lens, to capture the model's full outfit and show her height is 165 centimeters.

（3）将生成的提示词放到 Discord 中，让 Midjourney Bot 识别并在输入栏中输入"/imagine + 英文提示词"（这里的加号不用输入），发送指令，然后等待 AI 完成绘画。

（4）AI 会生成 4 张模特图（如下）。对比较满意的，可以点击图片的 U1、U2、U3

或 U4 来直接打开大图；如果对四张图都不满意，就点击蓝色的"刷新按钮"；如果对某张图片比较满意，但是需要调一下细节，可以点击 V1、V2、V3 或 V4 进行细节调整，生成更符合要求的图片。

（5）将符合要求的图片下载下来，与我们准备好的衣服照片，通过 Photoshop、美图秀秀等软件，简单地叠加在一起。

（6）按住 shift 键，将经过 Photoshop 处理后的图片，上传至 Midjourney 的 Discord Bot 栏中，获取上传成功的图片链接。

（7）在输入栏中输入"/imagine + 图片链接 + 原来生成模特的文案 + --iw 2"（这里的加号不用输入），其中"--iw 2"代表的是权重。发送指令后，生成穿上指定衣服的模特的图片。

备注：在使用 Midjourney 绘图软件实际生成 AI 模特图时，会因为 AI 绘画的随机性，出现颜色和衣服上 Logo 的变动，可以通过后期的修图进行二次处理，最终完成图片制作。

4.8　家具设计

传统家具设计方式通常是由设计师手工绘制设计草图、制作手工模型，然后通过不断的尝试和调整，最终确定设计方案。这种方式需要设计师耗费大量的时间和精力，而且设计师个人的经验和能力对最终的设计结果有着非常重要的影响。同时，由于人的思维的局限性，传统的家具设计方式也无法充分发掘家具设计中的各种可能性。

而利用 AI 绘画技术来辅助家具设计，可以克服传统设计方式的这些局限性。首先，AI 可以帮助设计师快速生成多个设计方案，大大缩短了设计周期；其次，AI 可以根据设计师的需求和要求，生成各种各样的设计图和模型，从而帮助设计师更加直观地了解设计方案的效果。

总之，结合 AI 绘画技术的家具设计方式，可以提高设计效率、提升设计质量，同时也能够让设计师更加灵活地发挥自己的创意和想象力，推动家具设计领域的不断创新和进步。

以下是一些常见的家具设计类型：

（1）现代风格设计。现代风格家具设计通常以简单、简洁、直线或流线型为特点。这种设计风格通常强调材料和形状，而不注重装饰和复杂的细节。

（2）传统风格设计。传统风格家具设计通常包括一些古老或经典的设计元素，如复杂的曲线和装饰性雕刻。传统风格的家具设计通常使用木材和皮革等天然材料。

（3）现代简约设计。现代简约设计是现代风格设计的一种变体，其强调简单性和功能性，尤其是对于小型家具。这种设计风格通常采用明亮的颜色和自然材料。

（4）工业风格设计。工业风格的家具设计通常使用暴露的金属和原始的木材等材料，具有粗糙的表面和暴露的接头。这种设计风格通常受到机器工业时代的启发。

（5）现代艺术设计。现代艺术家具设计通常具有创新性和独特性，采用大胆的颜色和形状。这种设计风格通常融合了艺术和设计的概念。

（6）亚洲风格设计。亚洲风格的家具设计通常包括一些传统的东方元素，如木质和纸质屏风，以及嵌入式花纹和图案等。

（7）联邦风格设计。联邦风格的家具设计与 18 世纪美国风格有关，采用装饰性的细节和精美的曲线设计。这种设计风格通常使用木质材料，如樱桃木和枫木等。

（8）布艺家具设计。布艺家具设计通常使用织物或皮革等材料，可以提供柔软的质感和柔和的色彩选择。这种设计风格的家具通常包括沙发、椅子和床等。

4.8.1　潘顿椅设计

潘顿椅是一款由丹麦设计师 Verner Panton 于 1960 年设计的现代家具经典产品之一。

提示词：**Verner Panton** 潘顿椅

/imagine prompt: Verner Panton Panton Chair --v 5

提示词：产品美照，维纳尔·潘顿，潘顿椅，米白色背景，颜色鲜明，平面设计风格，照片写实感，等距，4K，最佳质量，极简主义

/imagine prompt:product beauty shot，Verner Panton，Panton Chair，white beige background，vivid color，graphic design style，photorealistic，isometric，4K，best quality，minimalism --ar 16:9 --v 5

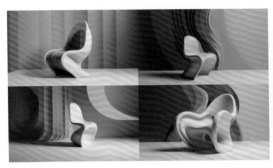 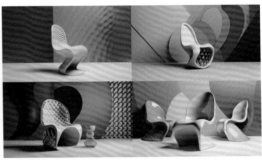

运用 Midjourney 可以快速生成家具设计的简单效果图，然后选定好某个图，设计师就可以在这个图上进行二次创作、建模，达到可以按照模板生产的要求。

4.8.2　沙发设计

这里向大家分享我设计一款高档的白色布艺沙发的设计思路。

首先，需要考虑沙发的整体外观和设计特点。希望这款沙发显得高端，就可以采用一些简单而优雅的设计元素，例如，简洁的线条，没有过多的细节和装饰，却充满品质感。

其次，需要选择合适的白色布料。为了展现高端质感，我选择一款具有丝绸质感的白色织物，这种材料非常柔软，触感舒适，并且具有高贵的外观。

再次，对于沙发的形状，我采用流线型的设计，强调整体的流畅感。考虑到舒适性，沙发座椅和靠背可以使用一些高密度的泡沫填充，以提供更好的支撑和舒适感。

最后，可以考虑一些附加的设计元素。如椅背和扶手上的细节线条装饰，或者一些具有现代感的银色金属脚，以使整个沙发的外观更加优雅。

总结一下，这款白色布艺沙发的设计思路是采用简单而优雅的设计元素，使用具有高贵质感的白色织物，以及采用流线型设计和高密度泡沫填充，来提供高端舒适的沙发使用体验。同时，适度添加一些现代感的装饰元素，以使这款沙发更加时尚和具有现代感。

提示词： 高贵质感，白色布艺沙发设计，简洁优雅，流线型，高密度填充，现代装饰元素

/imagine prompt:noble texture, white fabric sofa design，simple and elegant，streamlined, high density filling, modern decorative elements --ar 16:9 --v 5

其他类型家具也是一样的设计思路，大家可以按照风格、形状、材质和纹理等分类编写提示词，来生成设计。

4.8.3　电视柜设计

接下来分享我设计一款高档白色电视柜的设计思路。

首先，考虑到这款电视柜需要显得高档，我用简约而优雅的设计元素，尽量减少不必要的装饰。 白色的外观可以增加整个家居空间的明亮感，营造简约舒适的氛围。

其次，考虑电视柜的材料选择。 为了达到高档的质感，我选择一种具有光泽感的白色漆面木材，这种材料表面光滑、易于清洁，并且具有高档的外观。

再次，对于电视柜的结构，我采用悬挂式设计，使整个电视柜看起来更加轻盈。 同时，电视柜的中央部分可以设置一个较大的空间用于放置电视、音响等设备，两侧可以设计一些小抽屉或开放式储物空间。

最后，考虑一些附加的设计元素。 我在电视柜的底部安装一些具有现代感的银色金属脚，以提高整个电视柜的现代感。

总的来说，这款白色高档电视柜的设计思路是采用简约而优雅的设计元素，使用具有光泽感的白色漆面木材，悬挂式设计，中央部分存放电视、音响等设备，两侧设计储物空间，底部安装有现代感的金属脚，以提供高档、舒适的家居氛围。

提示词： 高档白色电视柜设计，简约优雅，有光泽的木材，悬挂式结构，中央大空间，两侧储物空间，现代金属脚

/imagine prompt:high-end white TV cabinet design，simple and elegant，glossy wood，hanging structure，large central space，storage space on both sides，modern metal soles --ar 16:9 --v 5

4.9　包装设计

因为 Midjourney 能快速根据文字生成图片，所以在包装设计领域可以说是如虎添翼。但是在做包装设计之前，先得了解包装设计的结构。一项从想法到落地的包装设计，包含以下几个部分：包装结构、包装材质、包装主视觉、印刷工艺，包装信息等。

4.9.1　包装结构

　　包装结构包括外观和尺寸等，要考虑易用性和用户审美喜好等。包装盒造型，有抽屉盒、心形盒、圆盒、方盒、滑盖盒等。尺寸容易理解，不同产品尺寸是有标准的，在做一个包装之前你得了解行业标准和产品规格。比如你设计一款茶叶盒，那么你得知道茶叶的包装尺寸有哪几种，通用尺寸是多少。总之，你得对各种包装品类尺寸有一个大概了解。

4.9.2　包装材质

　　不同材质给人的感受是不一样的，比如同样一款茶叶，塑料包装和布料包装呈现出来的质感完全不同。常见的包装材质有：金属、塑料、玻璃、木材、大理石、陶瓷、水晶、布料、石膏等。

4.9.3　包装设计风格

不同产品适合的风格也不一样。如果你的产品是国货，那么可能中国风比较合适；如果你的产品想做得国际化一点，那么包豪斯风格、简约风格会更合适。风格就像一个人的气质，可以是可爱的、年轻的、优雅的、国际化的。产品的风格一般会围绕产品特点来确定，一般流程是先确定产品整体定位，再结合产品目标受众的喜好，得出产品最终的视觉风格。

Midjourney 最强大的地方就是对特定设计风格的快速出图能力。你只需要告诉它你要设计的商品品类、要求和商品的参考风格是什么，它就能快速出图。比如你要做一个矿泉水包装，并且想参考一些水墨山水画，那你直接告诉机器人提示词"矿泉水 + 水墨风格"，Midjourney 就会根据你的想法，快速产出方案。这非常适合设计师在前期做方案探索。

4.9.4　包装印刷工艺

　　包装设计和互联网设计不一样，包装需要被印制出来，其中又有很多专业知识，比如
工艺、质感、纹理、色彩要求等。

4.9.5　包装信息设计

包装信息包括产品信息、产品使用说明、品牌介绍等。比如，设计一款洗面奶的包装盒，通过 AI 生成方案后，在平面设计环节就应该考虑洗面奶品牌信息、洗面奶产品名称和说明书等包装信息。

4.9.6　用 AI 进行包装设计的提示词构思

1. 根据包装风格构思提示词

了解包装基础后，就可以围绕很多方向进行提示词设计，比如可以围绕包装风格构思提示词，你只需要告诉机器人你想要的包装风格是什么，你的产品是什么，加上"包装设计"以及画面精度提示词，就能快速得出设计方案。

提示词：矿泉水包装设计，丝滑，等距视觉，现代，精致，超细节，参考 Behance

/imagine prompt: mineral water package design，silky，isometric view，modern，exquisite，super detail，on Behance

2. 根据包装材质构思提示词

你也可以直接告诉 Midjourney 要设计的主题 + 材质。比如下图案例中，需要做一款食品包装设计，希望是金属质感的，再加上一些画面精度提示词，就能得出各种金属质感的食品设计方案。

提示词：食品包装设计，金属质感，现代，精致，超细节，参考 Behance

/imagine prompt: foods package design，metal texture，modern，exquisite，super detail，on Behance --ar 16:9 --v 5

3. 根据包装造型构思提示词

还可以围绕产品主题 + 造型进行提示词构思，比如"设计一款心形的巧克力包装"，那么 Midjourney 就会很快围绕心形包装进行创作，快速输出大量方案。当然你也可以结合其他维度的提示词，让设计图最终呈现出你想要的效果。

提示词：帮我设计一个巧克力的心形包装

/imagine prompt: Help me design a heart-shaped chocolate package --ar 16:9 --v 5

4. 根据包装渲染场景构思提示词

Midjourney 很强大的一个功能就是背景合成功能。在 Midjourney 里面，你能很快速地把产品放在各种各样的渲染场景中。比如设计一款矿泉水包装，就可以把矿泉水背景设置为空中花园，也可以把矿泉水背景设计成一个大自然环境。当然渲染的场景远远不止这些，还有沙漠、雪地、日落、湖面、森林、城市、街景、空中花园、天空之城、云中岛等。但是在设计时候需要注意，这些背景一定要和产品匹配，比如设计一款护肤品，想表达它是纯天然的，就可以把背景设计为森林。

提示词：设计一个矿泉水包装，背景是空中花园

/imagine prompt: Design a mineral water package，with a sky garden in the background --v 5

提示词：洗面奶包装设计，文字排版风格，森林背景

/imagine prompt: cleanser package design，typography style，in the forest --v 5

大家可以充分结合产品特性去做创意，好的渲染场景能给产品画龙点睛。如果产品是水果，你想强调新鲜，就可以加上果林的背景。如果产品是牛奶，你想强调奶源，就可以把背景渲染成草原或农场。

5. 包装设计提示词公式

关于包装造型、材质、印刷工艺、风格等方面的提示词，我为大家整理了一个公式，按照这个公式，把符合产品特点的提示词输进去，就能得出一个很不错的设计方案。

啤酒 食品 饮料 水 精油 茶叶 ……	方盒 圆盒 八角盒 玻璃瓶 易拉罐 翻盖盒 ……	金属 大理石 塑料 水晶 陶瓷 麻布 ……	水彩 国风 极简 素描 包豪斯 日式 ……	欧莱雅 宜家 乐天 联合利华 美汁源 无印良品	湖面 森林 雨天 城市 天空之城 平原草地	灯光 视图 渲染 高级感 优雅 创意感	8K 3：4 渲染 高品质 真实感 超精细
品类 主题	**包装 造型**	**包装 材质**	**包装 风格**	**参考 品牌**	**渲染 场景**	**画面 氛围**	**图像 设定**

下面我们来简单做一个示范。

我们要设计一款香薰蜡烛的包装，希望它是玻璃材质的瓶子，采用英文手字体，简洁的文字，背景是纯色的，8K 高清画面品质。

提示词： 设计一个纯色、采用英文手写字体、简单文字排列的香薰蜡烛包装设计，8K 高清

/imagine prompt: Design a solid color English handwritten font simple text of aromatherapy candle package, hd 8K

Midjourney 很快就为我们生成了各种效果图。当然你可以无限创意你想要的风格，不断修正直到你满意为止。用你最满意的方案作为设计落地的方向。比如我们选择了下图这个方案，就可以进行下一步优化。

　　仔细看 Midjourney 生成的图片有几个问题：一是文字无法识别。关于文字当前 V5 版本还是比较难处理的，所以需要我们后期再用设计软件进行优化。二是内容信息层次不清楚。这需要我们下一步用设计软件根据产品主题和内容进行二次加工，同时补全各种信息。

　　打开 Photoshop 或者 Adobe Illustrator 软件进行平面处理。在进行平面处理时，重点优化的是文字排版、画面逻辑、方案延展。以上图为例，首先要把这个香薰蜡烛的外形设计出来，同时把前后的文字版式补全，再根据产品的要求去强化信息。设计完成后，还要和印刷厂沟通印制细节和工艺。

　　以上就是 Midjourney 在包装领域设计完全落地的过程。目前 Midjourney 在各种包装结构、材质以及艺术风格的探索上有着巨大优势，但同时也存在很多暂时无法解决的难点，比如平面版式、字体细节、印刷材质、纹理工艺、包装结构尺寸、印刷文件无法处理等。但是没关系，任何新的技术革命，都需要一个发展过程。未来希望 Midjourney 越来越成熟，能真正成为各行各业提高生产力的强大工具。

第 5 章

AI 绘画的变现

5.1　制作素材模板出售

前面我们已经提到过，Midjourney 是一个基于 AI 技术的用文本生成图像的绘画工具。通过它，我们可以用文字描述来生成图片，这对于创意设计来说是非常方便的。想象一下，你只需要输入一段文字描述，就可以得到一张你想要的图片，这是多么神奇啊！

现在我们要讲的是利用 Midjourney 来制作一些素材模板向其他人出售以从中获利。首先，你需要有一些创意点子，可以是任何类型的图片，比如风景、动物、人物等。然后，用文字来描述你的创意，例如"一只可爱的小猫坐在草地上晒太阳"，或者"一幅美丽的夕阳海景"。你可以使用 Midjourney 的 Discord 服务器来进行创作或者拉到自己的 Discord 服务器里进行创作。

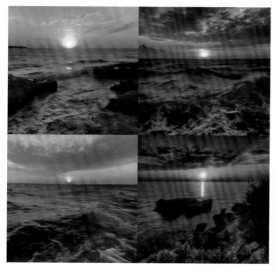

在你输入描述后，Midjourney 就会生成一组 4 张图片。如果你对 4 张图都不满意，可以修改描述，直到得到你满意的图片为止，然后你可以将其保存，再用美图秀秀等软件进行排版和添加文案等二次创作，最后保存为模板文件，并将其上传到模板平台出售。在模板平台上，你可以自主选择销售价格和授权方式。一些人选择以较低的价格出售，并同时发布在多个模板平台，以便能够获得更多的买家，增加热度和客流；另一些人则愿意以较高的价格出售，但是可能只有小部分人愿意购买。

好了，这就是用 Midjourney 来制作素材模板出售的过程啦！如果你希望通过模板平台上有偿为其他人提供有用的创意素材，计划用创意设计赚钱，希望这部分内容对你有所帮助！

5.2 周边定制

5.2.1 手机壳图案定制

现在市面上手机壳五花八门，样式丰富，但是有时或许你仍觉得选不到足够彰显个性、足够与众不同的那一款手机壳。那么就需要独特的定制手机壳，来满足现代人强烈的个性表达和追求时尚新奇的需求。

定制手机壳是根据个人的喜好和风格来设计的，所以能带来一种新奇感和满足感，不易觉得单调或者过时，他人见了也不免赞叹羡慕一番。有的人喜欢把和另一半的合照或二人名字印在手机壳上，作为一种情感寄托，让自己每次看到手机壳都能想起另一半，这是多么甜蜜和浪漫啊！总之，定制带有特殊设计的手机壳寄托了人们美好的情感。

另外，相比于成品手机壳，定制手机壳的价格会高一些，这也满足了一些人通过消费来彰显身份和追求高性价比产品的心理。用着一部高端手机，手机壳当然也不能马虎，定制款更能彰显个人消费的高品质。

所以你看，定制手机壳这么火的原因实在太多。既能满足情感需要，又能展现时尚个性，还能彰显身份，简直集齐手机壳的全部吸引力与精髓。怪不得现在定制手机壳一度成为新晋潮流与流行玩法！

而 AI 绘画的出现，满足了我们快速制作图案的需求，就可以更高效地进行手机壳个性定制，实现变现和获利。

手机长宽尺寸大致为 9:16，所以生成的图片一般也是"--ar 9:16"这个尺寸，参数选 v 4 或者 v 5 都可以。

手机壳图案主题风格可以参考以下几种系列和类型：

（1）星座、星辰系列、十二生肖系列。

（2）厚丙烯、油画肌理、抽象画、线条画。

（3）矢量图、极简图案、涂鸦。

（4）国潮、3D 画。

（5）拼贴艺术。

你也可以按客户要求制作图案，前提是先在网上搜索和选定支持一件定制的商家，谈好价格，然后给客户高于定制的价格来赚个差价。具体操作上，你只需把制作好的图片发给定制商家，然后填写客户的地址并下单。

5.2.2 周边产品定制

1. 周边产品定制：以百度文心一格为例

除了 AI 绘画，文心一格还提供周边定制服务，生成作品之后可以选择定制成手机壳、马克杯、帆布包等周边。不过，只有通过审核的图片才能进行周边定制。

我们可以根据客户要求制作好图案并在客户确认后，在定制的价格上增加差价卖给需要定制的客户。具体操作如下。

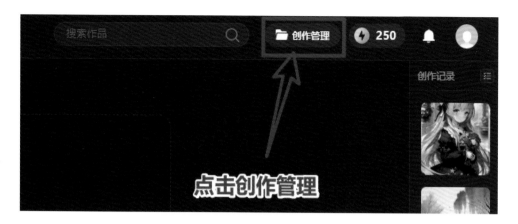

确定好设计方案后，点击生成的图案，就能看到应用场景下的 4 种周边产品选项，选择任意需要的，就可以定制了。在"定制中心"，选择右上角的"完成"，提交客户的发货地址，点击"提交订单"，就完成了周边定制。

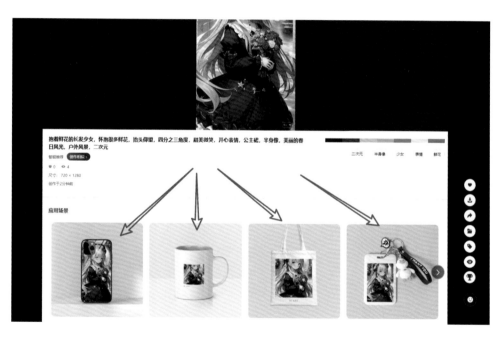

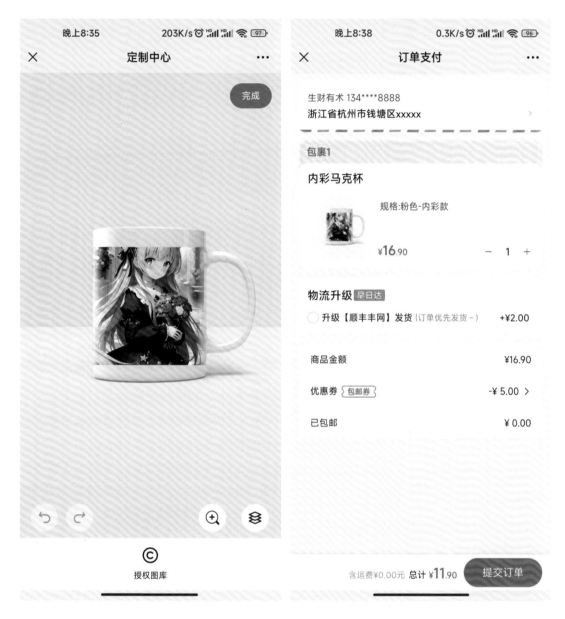

2. 周边定制的推广与获客方式

（1）在小红书等平台上发布相关的周边定制笔记进行推广，积累热度和流量。

（2）在朋友圈发布相关的周边定制示例 + 文案，利用私域流量的口碑传播吸引定制。

（3）有粉丝基础的，可以利用个人粉丝群体流量和社群进行推广，吸引定制。

5.3　服装图案定制

随着生活水平的提高和科技的发展，我们对于生活品质的需求也越来越高。比如对于衣着的要求就大大提高。过去，我们只能从商店里挑选已经生产好的衣服，但是现在我们可以选择图案、颜色、款式，然后按照自己的需求来定制。

通过在公域平台发布定制图文笔记，获取客户进行服装定制设计，提供设计方案给淘宝商家印制并代发，我们赚取中间差价。

服装图案定制完整流程如下：

（1）在公域平台发布和宣传定制设计服务。运用 AI 绘画技术制作案例样图并编写图文营销内容，在比如小红书、抖音等平台上发布，提供服装定制设计服务，引导客户点击、浏览并产生好奇心理和尝试心理。

（2）客户在公域平台下单定制设计或者引流到私域成交。感兴趣的客户会在公域平台的设计账号下单购买定制设计服务，或者引流到私域上面成交，并提供定制需求。

（3）根据客户描述用 AI 绘画工具生成服装设计方案。AI 绘画会基于客户提供的定制信息生成 3～5 个不同风格的设计方案，包含设计效果图，供客户选择最喜欢的方案。

（4）客户选择最佳设计服装方案。由客户从你提供的服装设计方案中选择最喜欢的方案，或提出修改意见，然后你用 AI 绘画进行相应调整。

（5）优化并确认最终设计服装方案。根据客户的选择与反馈进行修改，与客户确认最终的设计服装方案。

（6）将设计方案提供给印制商家并下单。将优化后的服装设计方案提供给合作的淘宝定制服装商家，然后下单。

（7）商家进行产品定制生产并代发给客户。淘宝商家会将你提供的服装设计方案应用于实际产品的定制化生产中，如印花或热转印等工艺，之后商家将按照你下单的地址给客户发货。

这是一个"公域平台引流 +AI 设计 + 淘宝一件代发"的创新模式，可以更好地将 AI 绘画的设计创意与淘宝上的定制商家进行合作，实现资源共享与协同变现，这是电商产品定制领域一个较新且富有潜力的模式。

5.4　个性头像定制

前文已经过 AI 绘画在设计头像方面的具体操作方法。随着互联网的发展，越来越多的人在微信或者 QQ 等社交平台上面活跃，头像能展示一个人的个性，定制头像已经成为一种重要的网络社交新形式。定制头像可以让用户选择自己喜欢的形象、表情、风格来展现个性，让社交形象更加丰富多彩。这在展示用户个性和兴趣上更加自主自由，可以让自己的社交形象与普通用户有所区分，展现出与众不同的个性魅力，这也成为一种社交媒体上的"装扮"和"cosplay"。定制头像作为一种新的玩法和体验被很多人所接受和采用，尤其是年轻人更易跟随这种新潮互动方式。这也成为一种社交互动的新形式。

所以总体来说，人们愿意去定制头像的原因主要在于：个性化表达、新潮玩法、与众不同、展示技能以及趣味社交等。这带动了头像设计和定制市场的发展，对于设计爱好者和从业者来说，定制头像也成为了一种创意变现的方式。

定制价格建议是 39~99 元 3~4 张图。如果定制的是爆款类型、比较受欢迎的话，可以参考 199 元 3 张图的价格。

如果是单张的话，建议报价不要低于 50 元，否则相较于所花费的时间成本来说不划算。

以小红书平台为例，提供头像定制服务的具体步骤如下：

（1）创建头像定制专用账号。建立一个新的小红书账号，名称以"XXX 头像定制"或"XXX 卡通头像"等命名，作为定制头像服务的专属账号。

（2）完善账号简介和标签。在账号简介中写明提供头像定制服务，并添加相关标签如"头像定制""卡通头像""涂鸦头像"等，方便客户搜索和平台引流。

（3）发布头像设计作品集。在账号内不断更新你的头像设计作品笔记，让其他用户了解你的设计风格和质量，从而树立设计师的形象，吸引关注、积累流量。

（4）推出头像套餐。你可以推出"卡通头像定制套餐""壁纸定制套餐"等，以供大家选择购买。套餐价格适宜定为 50～200 元。

（5）发布互动笔记吸引客户。你可以发布"头像设计送礼""首单客户特别优惠"等互动笔记，引导点赞转发留言，吸引更高的社交热度，积累潜在客户。

（6）客户下单，确认设计风格。客户在你推出的套餐中选择并下单后，你需要与其确认具体的设计风格、颜色、人物神态动作等细节，确定设计初始方案。

（7）完成头像设计并交付。你需要在确认后的 1～3 天内完成头像设计，然后通过小红书私信将设计好的头像发给客户，如果用户满意就完成此次交易。

（8）收费和变现。通过头像套餐销售和设计服务的收费，实现账号的变现。然后不断优化套餐和服务，稳定粉丝和客户群体，实现长期稳定变现。

这是一个在小红书搭建头像定制账户并实现变现的标准流程和步骤。遵循这些步骤，不断迭代和优化，就可以成功运营一个头像设计定制账号。

案例：

比如在小红书上广受粉丝关注与喜爱的博主"子鱼哎吖"，其头像定制的价格大概是129～189 元 / 张，单图售卖价格为 19.9 元。起号成功后，半个月变现金额达到了五位数。

5.5 起号与知识付费

简单来说，起号就是在抖音、小红书或者视频号等平台建立自己的 IP 垂直账号，通过建立专属的主题账号形式，定位垂直领域的知识分享或技能教学，后续通过销售课程等方式实现变现，即知识付费。

1. 运营方式

账号内容以图片为主，文案为辅，一般采取"主题 + 风格"的形式。

● 垂直账号：聚焦一个主题或品类，发布同一风格不同话题，或同一话题不同风格的内容，吸引该类别爱好者的粉丝

● 教学账号：搜集和展示热门单品，展示生成式图片的精美效果，吸引想学习该技能的粉丝

2. 变现路径

（1）垂直品类账号可以引导用户下载图片和文案，销售相关周边产品，或者接单广告营销推广来实现变现。

（2）教学账号吸引对 AI 绘画感兴趣的精准粉丝，可以通过销售提示词、AI 绘画教程教学、培训营销等方式实现变现。

（3）在上述两类账号获得一定的热度和成绩之后，都可以建立或关联更大的知识产权或品牌：

- 比如垂直账号可以专门发布宠物图片、头像定制等内容，后期可以针对性地接宠物用品、宠物服务等广告

- 比如教学账号可以展示教学能力或定制能力，接洽特定风格或内容的合作项目

3. 案例

小红书博主"橘鹿"，起号 3 天，粉丝数已接近 2 万。橘鹿制作和发布付费的 AI 绘画交付课程，付费会员已有几百个，AI 绘画插图的客单价为 299～599 元。

第 6 章

结语

6.1　多模态和跨模态的大模型

首先让我们来了解一下多模态模型。这是一种能够处理来自不同模态（如视觉、语音、文本等）数据的模型。未来的大模型将能够同时处理多个模态的数据，可以将视频、图像、音频和文本数据结合起来，并且可以在这些数据之间进行高效的交互，从而获得更准确、更全面的信息。

再来谈谈跨模态发展。未来的大模型将具有越来越强的跨模态能力，这意味着它们可以将数据从一个模态转换成另一个模态。比如，将音频转换为文本，将视频转换为文本，将图像转换为音频等。这些跨模态能力将使未来的大模型可以更好地理解和处理不同类型的数据，并且能够更好地适应不同的应用场景。

那么这些大模型会对我们的生活产生什么影响呢？首先，多模态模型将改变我们的交互方式。未来的智能设备将能够更好地理解我们的语言、图像、视频及其他数据，并且能够更快地做出响应。例如，在智能家居场景中，可以使用语音命令或手势控制来打开电视或者灯饰。这种方式将更加直观、自然、高效，并且能够提供更好的用户体验。

其次，跨模态的能力将使机器翻译、语音识别、图像识别等领域的技术更加精确和智能。例如，在医疗领域，医生可以通过语音输入病人的症状，然后模型就可以将其转换成文字并且根据病人的症状进行诊断。这将帮助医生们更快速准确地做出诊断，更好地为病人提供治疗方案。

最后，这些大模型将使得我们的世界更加智能化。它们将能够处理和分析大量的数据，并且能够发现数据之间的关系和模式。这将有助于我们更好地了解我们的世界，并且能够更好地解决我们所面临的问题。

总之，未来的大模型将具有多模态和跨模态的能力，并且将对我们的生活产生了重大影响。这将改变我们的交互方式，提高技术的智能性和精确性，使我们能够更好地了解世界和解决问题。但是，这些大模型也会面临一些挑战，例如隐私保护问题和安全问题。我们需要正视这些挑战，并积极采取措施来应对。

未来的大模型将为我们带来更多的机会和可能性。我们可以期待看到更多的应用和技术的发展，利用多模态和跨模态的能力，为我们带来更好的生活。

6.2 AI 绘画应用设想

随着科技的发展，AI 已经成为我们生活中不可或缺的一部分，不仅改变了我们的生活方式，还改变了我们创造和消费娱乐的方式。在未来，随着相关技术的发展，AI 绘画会有更多的应用与发展空间。这里与大家简单谈谈一些设想。

比如在摄影领域，传统的婚纱照拍摄需要花费 2~3 天时间，因为要花费大量时间和精力准备场景和装扮，而且还要挑选最佳的拍摄时间与地点。这样的拍摄方式比较累，需要很多人协作，还要忍受长时间的拍摄和重复的拍摄动作。

未来的婚纱摄影领域将会发生巨大的改变。新技术可以让婚纱摄影更加轻松和简单，只需要在室内拍摄一些照片。这样，新婚夫妇可以放松自己，享受拍摄的过程，而不必担心天气和环境的影响。在拍摄后，将照片训练成 lora 模型，在 Stable Diffusion 中生成不同场景的婚纱照。这是一种基于 AI 技术的创新方式，可以根据新婚夫妇的喜好和需求，生成多种不同的风格和场景的婚纱照。这种技术可以使摄影更加轻松自然，同时也可以增强照片的艺术性和美感。生成过程比传统的拍摄加后期制作要快得多，减少了成本和时间。

总的来说，未来的婚纱摄影将变得更加简单和方便，可以根据新婚夫妇的需要和喜好，生成多样化的婚纱照。这是一种基于 AI 相关技术的创新方式，可以为新人们带来更好的体验。

再比如在动画制作领域，利用 AI 技术进行动画制作已经可以取代传统的制作方式。在过去，动画制作需要庞大的制作团队和昂贵的设备。一个制作周期可能需要数百人和数年时间才能完成。但是，随着 AI 技术的不断发展，制作动画的过程变得更加高效、快速和简单。你只需要一个 AI 动画制作软件，就可以轻松地制作出一部还不错的动画。软件将根据你提供的素材和指令自动生成人物角色、背景和动画场景，利用机器学习和深度学习算法来分析和理解你的意图，从而生成出逼真的动画效果。不仅如此，这种软件还可以通过深度学习技术进行自我进化，不断优化动画的生成效果和制作质量。这将大大减少动画制作的时间和成本，让更多的人力可以投入到动画制作的创意和创新中去。

此外，随着虚拟现实技术的发展，未来动画制作效果也将会变得更加逼真和真实。你可以利用虚拟现实技术，让人物角色和场景真实地呈现在你的眼前，甚至可以亲身体验动画中的故事情节与动画中的角色进行互动，实现动画的虚拟世界与现实世界的互动。

当然，AI 技术也存在一些挑战和问题。比如，AI 制作的动画缺少人类创作的情感和创造力，难以表达出更深层次的情感和细节。此外，由于人工智能技术仍然处于发展初期，在制作过程中也可能会出现一些不可预知的错误和问题。

但总的来说，随着未来 AI 技术的不断发展，动画制作将变得更加高效、快速和简单。

也许将来使用 AI 动画制作软件将会成为制作动画的主流方式。此外，人工智能技术还可以为动画制作带来更多的可能性。比如，通过利用人工智能算法，可以让动画角色更加智能化和自主化，增加动画的互动性和趣味性。

6.3　AI 绘画的未来展望

AI 绘画在接下来的十年内可能会对社会造成深远影响。作为一名社会学家，我会尝试从各个方面来展望这种可能性。

首先，AI 绘画会进一步推动艺术民主化。在数字化和互联网的推动下，艺术已经逐渐走入寻常百姓家。而 AI 绘画，可能会使艺术创作变得更加便利和普及。你可以在自己的电脑或手机上运行一个程序，即可在短时间内创作出具有各种艺术风格的作品。这不仅降低了艺术创作的门槛，也为更多人提供了表达自己的机会。

然而，艺术民主化也可能带来问题。比如，当艺术创作变得越来越容易，我们如何定义"艺术家"这个身份？当 AI 也能创作出让人赞叹的艺术作品时，人类的创作还有何意义？这不仅是关于技术的问题，也是关于社会、文化和身份的问题。

其次，AI 绘画可能会改变艺术市场。由 AI 创作的艺术作品可能会引发新的收藏热潮，正如我们已经看到的那样，像 Beeple 这样的数字艺术家的作品在 NFT 市场上被拍卖出天价。然而，由 AI 创作的艺术作品的价值可能会引发争议。毕竟，相比于人类艺术家，AI 无法赋予其作品深层次的情感和寓意。而且，由于 AI 可以不间断地创作作品，这可能会对艺术作品的稀缺性和价值产生影响。

此外，AI 绘画可能会引发新的社会分化。在 AI 技术日益发达的今天，我们已经看到技术分化在加剧，即一部分人掌握并使用先进的技术，而另一部分人则被排除在外。这种分化可能会在 AI 绘画领域也出现。例如，只有掌握了相关技术和设备的人才能创作 AI 绘画，这可能会加剧社会的不平等。

最后，我想谈谈 AI 绘画对人类创造性的影响。对于一些人来说，AI 绘画可能是一种新的创作工具，帮助他们探索新的艺术领域。但对于其他人来说，AI 绘画可能会带来恐慌和不安，因为它可能使他们的技能和才能变得不再那么重要。艺术创作对许多人来说，不仅是一种生活方式，也是一种自我表达和自我实现的方式。如果 AI 可以轻松地创作出具有艺术价值的作品，那么人类的创造性和个性在何处？

这也带出了一个更广泛的社会问题：在 AI 和自动化技术的冲击下，我们如何定义和理解"工作"和"价值"？如果许多传统的工作和技能被 AI 取代，那么我们如何为自己的生活和努力寻找意义？这可能需要我们重新思考教育、就业、收入分配等社会制度，以适应 AI 和自动化技术的发展。

同时，我们也需要警惕 AI 绘画可能带来的道德和伦理问题。例如，AI 可能会复制和模仿已经存在的艺术作品和艺术风格，这可能会侵犯原创艺术家的权利。此外，由 AI 创作的艺术作品可能会被用于传播错误的信息或观念，这需要我们有合适的规范和监管。

综上所述，AI 绘画在未来十年内可能会带来深远的社会变革。这不仅是技术的挑战，也是社会的挑战。作为社会学家，我们需要紧密关注这些变化，并尝试理解和解释它们。同时，我们也需要与科学家、艺术家、政策制定者等各方人士进行对话，以共同应对 AI 绘画带来的挑战和机遇。